Malick NDIAYE

Des solutions pour un habitat durable, moderne et confortable au Sénégal

© 2016 Malick NDIAYE/

Edition : BoD - Books on Demand
12/14 rond-point des Champs Elysées
75008 Paris
Imprimé par BoD – Books on Demand, Norderstedt
ISBN : **978-2-3220- 7798-4**
Dépôt légal : **Juin 2016**

Remerciements

Je tiens à remercier toutes les personnes qui, de près ou de loin, m'ont aidé et soutenu dans la rédaction de ce livre.

Tout d'abord, mes parents.
Ma mère pour son amour pour moi.
Mon père qui m'a transmis sa passion pour l'Humanité.

À mes frères et sœurs et plus généralement à ma grande famille.
Sans eux, le monde serait bien triste.
Vous êtes si chers à mes yeux !

À Rama Maria,
Ma petite princesse que j'aime tant et qui me nargue de savoir parler l'italien, le français et l'espagnol à 6 ans. J'espère qu'elle se mettra bientôt au Wolof aussi.

À mes amis et mes collègues à travers le monde.
Vous êtes ma vie, mon souffle.
Je sais que vous vous reconnaitrez à travers ces écrits.

Table des Matières

Préface *17*

Avant-Propos *21*

De la gestion des inondations *23*

Pour une planification urbaine plus responsable *39*

Un ouvrage, un permis de construire *51*

De vrais équipements publics *67*

Pour une meilleure gestion des déchets *77*

De la conception bioclimatique des logements *91*

Pour des équipements moins énergivores *103*

De la bonne gestion des ressources en eau *115*

Pour des matériaux de construction locaux de qualité et durables *121*

Pour des immeubles confortables *129*

Du respect de la sécurité incendie *141*

De la gestion efficace de la copropriété *147*

De l'encadrement du monde de la construction *155*

Des contrats de construction de maisons individuelles ou d'immeubles ... *171*

De la vente d'immeubles à construire *179*

De l'encadrement du secteur foncier et du marché du logement *187*

Pour des chantiers plus sûrs et mieux organisés *199*

Conclusion *215*

Préface

Il n'est pas rare que d'aucuns fassent la critique, aux intellectuels sénégalais en général, aux scientifiques et techniciens en particulier, d'avoir une production littéraire et scientifique inversement proportionnelles aux qualités qui leur sont reconnues. L'ouvrage de Monsieur Malick NDIAYE - que je suis tenté d'intituler un essai - arrive à point nommé, pour infirmer ce jugement.
L'auteur est un jeune ingénieur sénégalais, formé d'abord à l'Ecole Polytechnique du Sénégal, puis dans des instituts français.
Après avoir fait ses premiers pas à l'Agence d'Exécution des Travaux d'Intérêt Public (AGETIP) au Sénégal, il a poursuivi sa carrière professionnelle en France, ce qui lui a ouvert les horizons d'un environnement différent, à plusieurs égards.
Son essai procède d'ailleurs, en grande partie, voire exclusivement, d'une comparaison inspirée par ce vécu hexagonal, l'auteur ayant comme une obsession de partager avec ses compatriotes des solutions préconisées et appliquées avec bonheur sous d'autres cieux, à des problèmes qui sont leur lot quotidien.
Même si comparaison n'est pas toujours raison, il n'y a pas de mal à s'inspirer de ce qui se fait de bien chez nos voisins.
L'auteur s'intéresse d'abord, de façon fouillée et critique à ce qui s'est passé jadis, dans la gestion des inondations et dans l'encadrement général de l'accès à l'habitat.
Dakar étant une presqu'île, l'accès au logement y est devenu très difficile, en raison de plusieurs facteurs parmi lesquels le manque de rationalité, voire de transparence dans l'affectation des terrains

Préface

disponibles. C'est ce qui explique les innombrables problèmes que pose l'occupation de l'espace à Dakar, mais également dans d'autres villes.
Cette occupation anarchique de l'espace est une des causes du phénomène récurrent des inondations dont souffre la ville de Dakar depuis au moins deux décennies, mais auquel n'échappent pas certaines villes de l'intérieur, du fait du laxisme des pouvoirs publics qui ont vraisemblablement mal organisé l'installation des populations dans les zones urbaines.
L'auteur propose des solutions pour un habitat durable, moderne, confortable et résistant aux intempéries et aux calamités. Au Sénégal et dans le monde, le pari du vingt et unième siècle est de trouver, pas loin des agglomérations, des sites aptes à accueillir des familles avec toutes les commodités, à savoir : les réseaux d'assainissement et d'adduction d'eau, d'électricité, de téléphone, d'Internet, ainsi que des infrastructures sociales comme un hôpital, un marché, des écoles dans tous les ordres d'enseignement et surtout des moyens de transport modernes.
Le Gouvernement du Sénégal tente l'expérience à Diamniadio où des projets d'habitats ont été initiés par plusieurs promoteurs. Il suffit de passer par l'autoroute à péage pour voir les immeubles pousser comme des champignons. Répondent-ils tous aux normes actuelles de la construction ou simplement au besoin du Gouvernement d'offrir des logements aux milliers de personnes qui en demandent. L'auteur s'interroge aussi sur les critères d'affectation des terrains aux différents promoteurs.
S'agissant de la modernité de l'habitat proposé, il doit s'agir d'un habitat qui réponde aux normes de construction actuelles, qui n'expose pas son occupant aux aléas climatiques en cette période de temps où les changements climatiques bouleversent les températures et dérèglent les climats.
L'auteur propose aussi, compte tenu de la généralisation de l'habitation en hauteur, que l'Etat encadre cette forme de

logements en exigeant des promoteurs le respect de certaines normes minimales de sécurité dans les immeubles, quitte à installer des portes-blindées avec un système de fermeture et d'ouverture électronique pour réduire, voire éliminer les risques de vol.

L'auteur propose que dès la conception de l'habitation, individuelle ou collective, qu'il soit tenu compte des aspects énergétiques à savoir la consommation d'électricité du fait de la position du bâtiment par rapport à la lumière du jour, ou de la disponibilité d'un chauffe-eau solaire pour réduire les charges des ménages, notre pays ayant un taux d'ensoleillement annuel appréciable .

Il en va de même de l'utilisation de nos matériaux locaux pour réduire l'intensité de la chaleur dans nos habitations qui pousse à l'utilisation de climatiseurs électriques qui contribue à alourdir les factures d'électricité. Ces matériaux locaux - briques en terre cuite - ayant une grande capacité d'isolation thermique, et surtout phonique, les carreaux en ciment permettront aussi de réduire le prix de revient des maisons ou des appartements.

Il insiste surtout sur l'encadrement de l'offre d'habitat et suggère qu'aucune construction ne puisse plus être démarrée sans la présentation d'une autorisation dûment signée par les services compétents, qu'aucune société de promotion immobilière ne puisse plus être créée sans que des garanties préalables soient données sur la fiabilité du projet et la crédibilité des dirigeants desdites sociétés car ces dernières années hélas, plusieurs milliers de sénégalais ont été victimes d'escroquerie de la part de promoteurs véreux qui ont abusé de leur « naïveté », avec la complicité au moins passive de l'Etat.

Ces promoteurs ont surtout profité de l'absence d'un système de contrôle rigoureux et de l'empressement de nos concitoyens d'accéder à la pleine propriété foncière. L'ouverture du marché à divers types de promoteurs garantit la concurrence et assure la multiplicité des choix possibles et du coup, le confort offert peut être un élément déterminant pour l'option définitive. Mais l'encadrement de bout en bout de l'activité de promotion immobilière pourrait définitivement sonner le glas des promoteurs véreux et aider tous nos compatriotes, à investir dans des programmes de logements sérieux.

A maints égards, l'ouvrage de Monsieur Malick NDIAYE est d'une brûlante actualité et d'une indiscutable utilité, il n'est même pas excessif de dire qu'il est révolutionnaire tant dans sa forme que dans son contenu.

Il est un chapelet de critiques, certes dures, mais incontestablement fondées sur notre vécu en matière d'habitat.

Il est une source d'informations précieuses pour les citoyens et un bréviaire de réformes pour les pouvoirs publics.

Pourvu que les uns et les autres le lisent « avec la tête et non pas avec le cœur », pour en tirer le meilleur profit possible.

C'est tout le malheur que je souhaite à cet ouvrage et à son auteur.

Souleymane Ndéné NDIAYE
Ancien Premier Ministre du Sénégal
Avocat au Barreau de Dakar

Avant-Propos

Le secteur de l'habitat au Sénégal souffre de l'absence d'une stratégie de développement claire, en adéquation avec notre souhait de développement économique. Cela se manifeste principalement par des décisions prises dans la précipitation, le plus souvent sous le diktat des impératifs de développement. On se retrouve avec des habitations souvent inadaptées à nos besoins et surtout coûteuses, le tout dans un univers juridique flou et un encadrement technique insuffisant.

Face à cette anarchie et au besoin urgent de limiter, voire éradiquer les dégâts que nous payons déjà très lourdement (inondations, incendies, effondrements d'immeubles, surconsommation des ressources énergétiques et naturelles…), il s'agit, dans cet ouvrage, de proposer une série de mesures simples et logiques qui nous permettraient d'aller **vers un habitat durable, moderne et confortable.**

Cela passe évidemment par des réformes de la filière de la construction, mais aussi par un accompagnement des acteurs engagés. Nous avons les ressources humaines capables de mener cette réforme, mais sans une réelle volonté des pouvoirs publics, nous aurons beaucoup de mal à y parvenir.

J'espère à travers cet ouvrage, qui se veut simple pour sa compréhension, amener les décideurs sénégalais, voire africains, à prendre, dès à présent, les problèmes à bras-le-corps et commencer à se poser les bonnes questions pour relever les défis dans ce nouveau monde où l'habitat reste et restera une composante essentielle du bien-être des populations.

Il s'agit pour moi d'une façon de partager avec mes compatriotes ma modeste expérience d'ingénieur et de participer ainsi au développement de mon pays.

Mon objectif, en écrivant ce livre, est d'apporter des réponses concrètes à une série de problèmes auxquels le Sénégal est confronté depuis plusieurs décennies et auxquels il peine à trouver des solutions durables. Il s'agit par exemple :

  i. de la gestion des inondations.
  ii. du besoin en équipements publics et de son financement dans la planification urbaine.
  iii. de la construction de logements durables et moins énergivores.
  iv. du confort d'usage, avec la production de logements de qualité en cohérence avec les attentes des occupants
  v. de la sécurité des personnes et des biens dans les immeubles d'habitation
  vi. des risques juridiques et financiers liés à l'acte de construire et à l'acte d'achat d'un bien immobilier
  vii. du développement d'une vraie industrie des matériaux de construction
  viii. de l'organisation et de la professionnalisation du secteur de la construction, avec des chantiers plus sûrs et mieux organisés

Autant de questions qui méritent que l'on s'y attarde et auxquelles j'ai essayé d'apporter des réponses pratiques et simples.

Ces réponses s'intègrent bien évidemment dans une démarche visant à faire évoluer les pratiques au Sénégal mais aussi la législation en matière d'urbanisme, de construction et de gestion foncière...

J'ai essayé d'avoir un discours simple et pédagogique pour une meilleure compréhension à la lecture.

De la gestion des inondations

J'ai décidé de commencer ce livre par un problème qui, sans aucun doute, est l'un des plus sensibles au Sénégal. Un problème auquel nous sommes confrontés depuis des décennies et auquel nous peinons vraiment à apporter des solutions durables. Il s'agit des inondations récurrentes.

Je vais reprendre un article que j'avais publié en février 2013 dans les médias sénégalais et que j'avais intitulé : « **Pour que cessent les inondations au Sénégal** ». Je vous laisse le découvrir.

J'avais 15 ans à l'époque et c'était un jour très spécial du mois d'août de l'année 1993.

C'était un jour très important pour moi car c'était le jour du mariage de ma sœur avec qui j'entretenais une relation très particulière.

J'étais rempli d'un sentiment de bonheur mais aussi de tristesse. Heureux pour cette sœur qui m'avait donné tant d'affection durant mon enfance et triste, car je savais que j'allais me séparer d'elle.

Ce fut pourtant un des jours les plus marquants de ma vie car en plus du mariage de ma sœur, l'autre fait marquant de cette journée, c'est qu'il avait tellement plu sur Dakar que toute la ville s'était retrouvée inondée.

« Mariage pluvieux, mariage heureux » disait mon père, et cet adage que je découvris ce jour-là me rassurait pour ma sœur.

Il avait donc plu toute la nuit et une bonne partie de la matinée, et la ville s'est retrouvée très rapidement inondée. Le canal à proximité du quartier de Fass que l'on appelle communément «

CanalouFass » avait été complètement et spectaculairement débordé par les eaux de pluie.
Tard dans la soirée, l'on a appris qu'une jeune personne avait été emportée par les eaux au niveau de ce canal.
Si vous vous souvenez, à l'époque, il n'y avait pas de murets de protection au niveau de ce canal. Et n'importe qui pouvait tomber dedans.
Malgré la fête à la maison et les chants traditionnels de mes tatas sérères[1], je ne pouvais pas m'empêcher de repenser à cette personne et à la souffrance qu'il avait dû endurer.
Certains diront que c'est le destin.
Depuis, un mur de protection a été construit autour de ce canal mais à chaque fois que je passe devant les lieux, je ne peux m'empêcher de repenser à ce que j'avais ressenti ce jour. Il a fallu un mort pour que l'on pense à construire cette barrière de protection.
Sa mort aura au moins servi à cela. C'est triste !
Quelques années plus tard, on est en août 2012, ma sœur est toujours mariée, elle est heureuse et a un garçon que j'adore.
Je regarde le journal sur la télévision sénégalaise. Là, on nous parle de dix morts.
La cause ? Des pluies torrentielles qui ont inondé la capitale.
Je repensai à ce jour du mois d'Août 1993.
J'ai grandi avec l'idée que le problème était résolu et que personne ne risquait de perdre la vie à cause d'une simple pluie mais là je venais de me rendre compte que je m'étais trompé.
Je venais de comprendre que le problème n'était pas simplement lié à cette absence de barrière de protection mais aussi l'absence d'installations adéquates pour gérer les eaux pluviales dans la ville.
Comme c'est souvent le cas, les autorités à l'époque n'avaient résolu le problème qu'en partie. Il aurait fallu aller plus loin et

---

[1] Les sérères sont un groupe ethnique au Sénégal.

proposer de façon pérenne une installation qui permettrait d'anticiper sur les risques d'inondations futures. Il n'en était rien !
Entre 1993 et 2012, 19 ans se sont écoulés. J'ai eu l'occasion de mieux comprendre le monde. En d'autres termes, j'ai grandi et j'ai eu la chance de faire des études.
Des études dans le domaine du Génie civil. Durant ces études, j'ai pu côtoyer quelques principes de la mécanique des fluides et de la mécanique des sols. Je vous dis cela car très humblement au fond de moi-même, je me dis que cela me donne peut-être une certaine légitimité pour ce que vous allez être amenés à lire par la suite.
J'ai un petit-neveu qui, en 2001, est venu immigrer en Europe dans le but d'améliorer la situation et d'aider sa famille restée au Sénégal.
Après des années de dur labeur, il a pu économiser un pactole lui permettant d'acheter un terrain dans un lotissement vendu par la SN HLM.
Il y a construit une maison individuelle pour permettre à sa maman de vivre dans de meilleures conditions.
Dès la première année d'installation de sa famille dans cette cité neuve, la maison et tout le lotissement se sont retrouvés inondés par les eaux de pluie.
Les eaux pluviales ont englouti la cité et la maison est devenue tout simplement inhabitable.
Cela fait des années que la maison est inhabitable et il n'a aucune possibilité de recours pour se faire rembourser.
Aujourd'hui, sa maman n'est plus de ce monde, et il se contente du plaisir qu'il a su lui offrir avant qu'elle ne quitte ce bas monde.
Combien de personnes au Sénégal sont dans cette situation ?
Certainement des centaines de milliers. L'Organisation des Nations Unies pour l'Habitat (UNHABITAT) nous apprend que

plus de 30 000 maisons sont retrouvées sinistrées du fait des inondations dans la région de Dakar durant l'année 2009[2].

Chaque année des tragédies liées aux inondations mettent des familles dans des situations de désarroi sans précédent. Les années passent et les choses ne bougent pas. Je suis vraiment écœuré par cette situation.

Être né dans la fatalité n'est pas une tare en soi mais y demeurer toute une vie sans essayer d'améliorer sa condition est d'un fatalisme indescriptible.

Combien de morts faudra-t-il subir ?

Des centaines ? Des milliers ?

Chaque année, ce sont les mêmes titres dans les journaux :
   i. Zones sinistrées,
   ii. Population à recaser,
   iii. Risque d'épidémies,
   iv. Plan Orsec[3],
   v. Rentrée des classes perturbée mais surtout des morts !

Et j'ai la conviction qu'il est tout à fait possible de mettre un terme à tout cela.

On aura beau déclencher chaque année des plans Orsec et réquisitionner tous les moyens de l'État pour lutter contre les inondations, malheureusement il en sera de même pendant encore des décennies si l'on ne traite pas le problème à la source.

Cela fait des années que des soi-disant experts nous « pompent l'air » sur la complexité de la chose… Je n'en suis pas du tout convaincu et je vais vous exposer mes arguments.

---

[2] Profil du secteur du logement au Sénégal – ONUHABITAT - 2012
[3] Le dispositif Orsec est un système polyvalent de gestion de la crise (organisation des secours et recensement des moyens publics et privés susceptibles d'être mis en œuvre en cas de catastrophe). Le terme Orsec est l'acronyme d'**Or**ganisation des **Sec**ours. – Wikipédia

Je vais éviter de vous parler de mécanique des sols, de coefficient d'infiltration des sols, de débit de fuite et de tout autre principe qui sous-tend mon raisonnement.
Je vais simplement essayer de vous parler de logique, de bon sens... Celui déjà utilisé depuis des siècles pour gérer les villes au Moyen Âge.
Vous savez, traiter le problème d'assainissement des eaux pluviales revient tout simplement à se poser une question qui est tout aussi simple que celle-ci :
Comment faire pour maitriser les eaux pluviales qui n'arrivent pas à s'infiltrer immédiatement dans le sol lors d'une pluie ?
Pour arriver à répondre à cette question, il y a deux paramètres à appréhender :
  i. Quel est le volume d'eau de pluie qui tombe chaque année dans nos villes ?
  ii. Dans ce volume d'eau de pluie, quelle est la part qui crée les inondations ?
Une fois qu'on aura apporté des réponses efficaces à ces deux questions, on aura fait une bonne partie du chemin.

Premier paramètre :
Sommes-nous en mesure de quantifier le volume d'eau de pluie qui tombe chaque année dans une ville ?
La réponse est heureusement oui. C'est rassurant !
Depuis notre enfance, nous voyons un Monsieur sur la RTS[4] tous les soirs d'été nous dire, sur le fond d'une belle musique douce, qu'il a plu 30 mm à Goudiry et 50 mm à Koumpentoum[5].
Cela ne vous parle sûrement pas trop.
Mais cela veut tout simplement dire qu'il est tombé 30 litres d'eau tous les m^2 à Goudiry et 50 litres d'eau tous les m^2 à

---
[4] La RTS est la chaine de télévision nationale publique au Sénégal
[5] Goudiry et Koumpentoum sont des villes du Sénégal

Koumpentoum.
En effet, dire qu'il a plu 1 mm équivaut à dire qu'il est tombé 1 litre d'eau sur 1 m². C'est tout aussi simple à comprendre.
C'est vrai qu'ils ont la manie de compliquer les choses les scientifiques et donc de parler souvent un langage que nous ne comprenons pas.
Donc en fait, quand on nous dit qu'il est tombé 45 mm sur Dakar, cela veut dire que sur un carré de 1 mètre par 1 mètre, il est tombé 45 litres d'eau.
Jusque-là, je crois que ce n'est pas compliqué.
Cela veut dire que nous savons depuis des décennies quantifier les volumes d'eau de pluie qui tombent dans nos villes et ça au jour le jour.
L'information est en plus disponible pour tout le monde, tous les soirs. Mais à quoi pourrait-elle nous servir cette information ?
Sûrement comme c'est déjà le cas dans notre société, elle nous sert à nous projeter sur la qualité des récoltes futures de nos agriculteurs.
Si on réfléchit un peu plus, on arrive à la conclusion que cette information pourrait nous servir à beaucoup plus.
La logique voudrait, pour résoudre notre équation, qu'on s'attarde à analyser le comportement de ces eaux de pluie dont nous connaissons maintenant le volume.
Si l'on est un peu observateur, l'on remarquera qu'une partie de cette eau s'infiltre dans le sol et qu'une autre partie ruisselle en surface.
C'est cette eau qui ruisselle en surface et qui n'arrive pas s'infiltrer qui nous pose problème et crée des inondations.

Deuxième paramètre :
Sommes-nous en mesure de quantifier le volume d'eau de pluie qui n'arrive pas à s'infiltrer dans le sol ?
La réponse est heureusement oui. C'est rassurant !

La première question à se poser est de savoir : de quoi l'eau de pluie a besoin pour s'infiltrer dans le sol ? La réponse est dans la question : de sols.
Le problème, c'est que dans les villes comme Dakar, le sol n'existe presque plus ou du moins a été recouvert par les dalles de béton des maisons ou des voiries.
Quoi de plus normal, me direz-vous, parce que dans tous les pays développés, on a les mêmes dalles sur les maisons et les mêmes voiries avec une densité souvent plus importante.
Seulement dans ces pays, ils se servent plus efficacement des informations que leur donne M. Météo pour quantifier le volume d'eau qui se retrouverait bloquée en surface du fait des dalles des maisons et des voiries.
Rappelez-vous, 1 mm d'eau signifie 1 litre par mètre carré. Si on prend l'exemple de Dakar, on a une pluviométrie annuelle d'environ 500 mm en moyenne. Cela signifie que 1 m^2 de toit peut recevoir 500 litres d'eau par an.
C'est énorme !
Donc c'est 500 litres d'eau qui se retrouveront bloqués en surface du fait de ce mètre carré construit et revêtu de béton ou de voirie.
Il est donc tout est fait possible de savoir quelle est la quantité d'eau de pluie qui n'arrivera pas à s'infiltrer et donc restera en surface du fait de l'urbanisation. Ça tombe bien car en général, c'est cette eau qui crée les inondations.
Une fois ces deux paramètres maitrisés, la question est de savoir ce que nous devrions faire de cette partie des eaux de pluie qui n'arrive pas à s'infiltrer dans le sol.
Il n'y a pas mille options possibles.
Soit on arrive à trouver un système de stockage soit on n'y arrive pas.
Dans le cas où on n'arriverait pas à la stocker, l'objectif serait d'essayer de l'évacuer vers des zones où elle pourra s'infiltrer tout naturellement.

Vu les pénuries d'eau qu'il y a dans le monde, la réponse évidente serait de la stocker pour permettre son emploi futur.
C'est tout simplement du bon sens, me direz-vous.
Jusqu'à présent, les gouvernements n'ont pas su apporter les bonnes réponses à ce paramètre si crucial.
Pour illustrer mes propos, je m'en vais vous raconter quelques anecdotes.
Le fait le plus marquant, c'est quand, à un moment donné, le gouvernement a eu l'idée d'un plan de génie qu'il a appelé « plan Jaxaay ».
Les experts, pour expliquer le phénomène des inondations, partaient du fait que ce sont les populations qui seraient venues s'installer dans des zones inondables.
Penser que des familles vont venir construire dans une zone en ayant la certitude que c'est une zone inondable au risque de tout perdre était tout simplement méprisable comme idée. Mais la proposition qu'elles eurent par la suite a su donner un brin d'espoir à tous ces sinistrés.
Les autorités gouvernementales proposaient de les recaser dans de nouvelles maisons construites dans une zone identifiée comme n'ayant jamais eu de problèmes d'inondation.
Ils sont allés chercher cette zone dans une localité qui s'appelle Keur-Massar et ont eu la belle idée d'y construire des maisons afin d'y reloger les populations.
Cela a couté 52 milliards de nos francs !
Quelques années après, cette zone qui n'avait, jusqu'à présent, pas connu d'inondations s'est retrouvée sous les eaux.
Beaucoup d'argent, beaucoup d'espoir brisé mais encore une fois, comme une malédiction, les eaux avaient poursuivies les populations dans cette nouvelle cité.
Ils n'y sont pour rien ces braves gens puisque nos brillants ingénieurs avaient oublié de répondre à la question suivante : une fois toutes ces maisons construites, qu'allaient devenir les eaux de

pluie qui ne disposaient plus de sols d'infiltration du fait des dalles en béton et des voiries ?
Le résultat, c'est que Jaxaay s'est retrouvé dans les eaux. La zone était devenue subitement inondable comme par magie.
C'est la faute à qui ? Cette fois-ci, on n'a pas essayé de trouver les responsables.
Ils ont encore eu la bonne idée de nous faire une autoroute à péage. Seulement, cette fois-ci allaient-ils penser au devenir de toutes ces eaux de pluie que le bitume allait priver de chemin pour s'infiltrer dans le sol ? La réponse fut malheureusement non, le constat est sans appel.
Les quartiers aux alentours qui n'étaient que ponctuellement concernés par le ruissellement des eaux, se sont retrouvés avec des maisons inondées et les populations ont dû quitter leurs habitations.
Beaucoup d'argent, beaucoup d'espoir brisé encore une fois.
Une des plus grandes facultés de l'être humain, c'est de pouvoir apprendre de ses erreurs. Mais à force d'y réfléchir, je me demande si cette faculté est universelle partout dans le monde.
On nous parle depuis peu d'un grand projet. Encore un, celui du pavage des trottoirs de la capitale.
J'ai juste envie de dire STOP au massacre.
Parce que penser à paver toutes les rues de Dakar sans au préalable apporter une réponse efficace aux problèmes des inondations, c'est encore rajouter des morts chaque année sur la longue liste des disparus.

Une série de mesures s'impose !

Elles sont simples et ne donneront certainement pas immédiatement leur résultat mais c'est la seule et unique voie qui permettra de résoudre efficacement et durablement ce problème.

De la gestion des inondations

Comme je vous l'ai dit plus haut, je vais essayer de rester simple car comme disait l'autre « le bon sens est la chose la mieux partagée ».

Il faudra tout d'abord agir avec méthode sur les projets futurs d'aménagement et de construction.

Pour tout nouveau permis de construire et tout nouveau projet d'aménagement ou d'infrastructures, il faudra exiger :

i. la réalisation d'une étude d'impact des eaux de pluie qu'il faudra joindre au projet et faire valider par une commission technique indépendante.

En effet, tout projet destiné à aménager une parcelle, construire un édifice ou tout simplement faire de la voirie ou du pavage aura un impact sur le chemin qu'emprunteront les eaux pluviales lors de la prochaine saison hivernale. Et c'est au moment où l'on conçoit le projet que l'on doit s'intéresser au devenir des eaux pluviales qui se retrouveront sans sols d'infiltration.

C'est de la logique pure et simple.

ii. la construction d'un ouvrage permettant de contenir tout ou une partie de ces eaux de pluie dans l'enceinte du terrain où sera édifiée une nouvelle infrastructure.

En effet, il s'agira de s'assurer que le volume d'eau qu'on va empêcher de s'infiltrer dans le sol naturel sera stocké sur place ou à défaut de s'assurer de son évacuation vers un système d'assainissement collectif de l'espace urbain public.

Pour le stockage, il s'agira d'imposer aux frais du constructeur d'enterrer des cuves dans chaque construction nouvelle et sous les voiries publiques afin de recueillir les eaux de pluie.

Le dimensionnement de ces cuves se fera en fonction de l'étude d'impact qui aura été faite au préalable. Ces cuves devront être reliées au réseau d'assainissement public pour qu'en cas de trop-plein, l'eau puisse être acheminée vers des zones plus adaptées.

Dans les pays développés cela se traduit par l'imposition d'un débit de fuite[6] pour l'évacuation des eaux pluviales.

iii. de prévoir des tuyaux de descente de canalisation depuis les toits des constructions afin de mieux maitriser les eaux pluviales.

En effet, pour pouvoir stocker ou évacuer de l'eau, la logique serait de pouvoir la canaliser.

Il s'agira donc d'interdire toute arrivée d'eau sauvage depuis un toit. Il conviendra donc d'installer des tuyaux qui partiraient du toit et longeraient les façades des édifices pour recueillir les eaux pluviales. On appelle cela des descentes d'eau pluviale.

Ça veut dire qu'il faudra interdire tout simplement ce qu'on appelle dans le langage de la construction au Sénégal, les « pissettes » ou « gargouilles ».

En France il est interdit à tout propriétaire de faire écouler directement sur les terrains voisins les eaux de pluie tombées sur le toit de ses constructions[7].

C'est ce que l'on appelle la servitude d'égout de toit. Les eaux de pluie tombant sur les toits des immeubles doivent donc être dirigées soit sur le propre terrain du

---

[6] Le débit de fuite d'un ouvrage de rétention des eaux pluviales est le débit d'évacuation maximal qui est autorisé par les services communaux.
[7] L'article 681 du Code Civil Français

propriétaire des constructions soit sur la voirie publique.

On devrait s'inspirer de cet article du Code Civil Français.

iv. Faire respecter la notion d'emprise au sol afin de limiter les constructions denses.

J'ai été ravi de voir que le Code de l'urbanisme du Sénégal parlait de cette notion d'emprise au sol.

Cela veut tout simplement dire qu'on ne pourra pas construire sur toute la surface d'un terrain et qu'il faudra prévoir une zone pour permettre aux eaux de pluie de s'infiltrer.

Dans la pratique, au Sénégal, chacun fait ce qu'il veut et construit sur toute la surface de son terrain. Ce n'est pas normal.

Il faudra imposer qu'une partie de la surface non construite du fait de cette exigence d'emprise soit dédiée à la création d'espaces verts.

Cela se traduit par la mise en place d'un coefficient appelé « coefficient d'espaces verts ». Ce coefficient est un outil de régulation d'une grande importance.

La mise en place de ce coefficient d'espaces verts imposerait donc de laisser une partie de son terrain à la plantation future de végétations. Cela permettrait d'améliorer le cadre de vie en favorisant les infiltrations des eaux pluviales qui contribuent à la lutte contre les inondations.

Ce coefficient d'espaces verts permet de s'assurer que la surface laissée libre de construction par l'exigence d'emprise au sol ne sera pas recouverte de tout autre matériau que de la terre végétale.

De la gestion des inondations

Des initiatives pourront être menées pour encourager le développement des cultures vivrières dans ces espaces.

En parallèle, il faudra également agir sur les infrastructures et les constructions existantes. Il ne s'agira plus de délocaliser les populations mais :

i. de mettre en place un programme permettant d'améliorer le système de récupération des eaux pluviales au niveau de l'espace public.
Pour ce faire, on devra songer à remplacer les réseaux enterrés existants par des tuyaux plus adaptés. Des tuyaux suffisamment grands qui pourront être curés après chaque hivernage.
Dans les zones extrêmement inondables, il s'agira d'installer des systèmes de stockage des eaux de pluies. Ces zones stockage seront de grands bassins installés sous les voiries ou les trottoirs.
Ces grands réservoirs pourront être tout simplement des tuyaux de 2 m de diamètre qu'on enterrera sous la voirie sur une longueur de 10 m, 15 m ou plus en fonction du volume qu'on cherche à stocker.

ii. de se focaliser sur chaque habitation et de reconcevoir le système d'assainissement des constructions existantes afin de collecter les eaux de pluies depuis les toits, de les stocker sur place par des cuves enterrées dans le sol si l'espace le permet ou à défaut de les évacuer suivant un cheminement bien maitrisé vers la zone de stockage collective se trouvant dans le quartier ou la grande artère la plus proche.

Cela nécessite de mettre en place un programme d'actions national. Il faudra faire un diagnostic quartier par quartier et construction par construction.
L'idée étant de voir, en fonction des contraintes spécifiques, le meilleur moyen pour :

- équiper les constructions existantes de descentes d'eau pluviale et de réservoir enterré pour stocker tout ou partie des eaux de pluie
- et les raccorder au réseau d'assainissement collectif public.

Tout ce vaste programme a évidemment un coût ! Toutefois, je pense les 52 milliards du plan Jaxaay auraient suffi à régler le problème dans toute la ville de Dakar.

À raison d'un coût approximatif 500 000 F CFA[8] par foyer (sûrement exagéré) pour faire ces travaux, on aurait pu installer 104 000 cuves pour récupérer et stocker les eaux de surface de 104 000 foyers.

C'est énorme !

Et si en plus on connaît le potentiel économique que représentent ces millions de mètre cube d'eau, on n'hésite pas un instant à faire l'investissement.

Vous comprendrez à la lecture de ce qui précède qu'il est vraiment trop prématuré de parler de pavage des trottoirs. Il conviendrait d'abord de réaliser les installations d'assainissement. Notre envie de modernité est grande mais nous devons régler d'abord certains problèmes.

Une autre série de mesures importantes serait, entre autres, d'interdire :
    i. le transport de sable dans des camions non étanches et non couverts.

---

[8] 1 EUR = 655,957 F CFA

ii. de stocker du sable sur la voie publique en pleine ville en vue de construire un édifice.
iii. de confectionner des agglomérés de ciment sur l'espace public, ce qu'on appelle communément « brique » ou « agglo ».
iv. de verser les ordures ménagères sur les voies publiques ou dans les canalisations d'eaux.

C'est logique ! Ne serait-ce que pour le bien-être et la qualité de vie des populations. Ce sable qui traîne partout, se retrouve à boucher les canalisations existantes aggravant ainsi la situation. Il faudra créer des zones de fabrication d'agglomérés de ciment en dehors des villes.

Toute personne désirant construire un édifice devrait aller acheter ces agglomérés de ciments dans ces zones dédiées pour la bonne raison qu'il est beaucoup plus sain de transporter des agglomérés de ciment que de transporter du sable.

La liste pourrait être longue tellement les aberrations sont nombreuses mais je vais m'arrêter là. Je vous laisse découvrir la suite.

Pour une planification urbaine plus responsable

En 25 ans, la population sénégalaise est passée de 7 millions d'habitants à plus de 13 millions actuellement. Elle a presque doublé et cette explosion démographique ne semble pas avoir été anticipée par les pouvoirs publics.
En 2013, la population de la Région de Dakar était estimée à près de 3 000 000 d'habitants, avec une densité de 5404 habitants au km2. Près du quart de la population totale (23%) vit sur une superficie représentant 0,3% du territoire sénégalais[9].
Cette centralité urbaine mal gérée de la capitale sénégalaise est la principale cause des problèmes que nous rencontrons, notamment dans la gestion foncière, la mobilité des personnes, la qualité de l'air, les nuisances sonores...
Tous les urbanistes du monde semblent être d'accord sur le fait que dans les années à venir l'exode des populations vers les villes ira en s'accroissant. Dans le cas du Sénégal, il ne s'agit pas d'un exode vers les villes mais exclusivement vers une ville : Dakar.

Pour une autre façon de concevoir nos villes
Le rapport 2014 de l'ONU sur les perspectives de l'urbanisation nous apprend que 54% de la population mondiale vivrait dans les zones urbaines et que cette proportion devrait passer à 66% en 2050.
Nous avons donc tout intérêt à chercher à tendre vers une meilleure régulation de l'espace urbain car « la gestion des zones

---

[9] Source : Agence Nationale des Statistiques et de la Démographie du Sénégal

urbaines est devenue l'un des défis de développement les plus importants du 21ᵉ siècle »[10].

Si on regarde de près l'urbanisation de la ville de Dakar, on se rend compte qu'elle s'est faite avec un étalement urbain par la création de plusieurs lotissements composés de maisons individuelles et de petits immeubles de logements collectifs.

Cet étalement urbain a été néfaste dans la gestion de la ville car il a favorisé l'explosion des coûts fonciers avec la systématisation de l'usage des véhicules personnels.

Cette urbanisation mal maitrisée favorise l'utilisation croissante des moyens de transports mécanisés pour se déplacer car les distances parcourues deviennent de plus en plus longues.

Le nombre de véhicules a ainsi explosé ces dernières années et tout est essentiellement concentré dans la capitale qui, en 2015 abritait près de 72,76% du parc automobile au Sénégal[11], ce qui a eu pour conséquence de créer des problèmes de mobilité sans précédent, avec des embouteillages qui augmentent de façon conséquente la durée des trajets.

Le coût de la mobilité devient ainsi un vrai problème dans le portefeuille des ménages et, plus généralement, dans la vie économique du pays. La pollution de l'air et les nuisances sonores dans la région de Dakar deviennent des sujets préoccupants pour la santé des populations.

L'étalement urbain a aussi favorisé une consommation excessive des terres (une ressource non renouvelable) notamment dans des

---

[10] John Wilmoth, Directeur de la division de la population à l'ONU Conférence de presse du 29 Juillet 2015 lors de la présentation du rapport de l'Onu intitulé : Perspectives démographiques mondiales : révisions 2015

[11] Douanes sénégalaises - http://www.douanes.sn/fr/node/385 – « Du côté de la direction des Transports terrestres, on révèle que le Sénégal a un parc automobile de 401.000 véhicules, toutes séries confondues normale et des séries de l'administration, des transits temporaires, du corps diplomatique, de l'armée, etc., dont les 72,76 %, soit 292.428, circulent à Dakar».

zones inondables avec les conséquences que nous connaissons lors de la saison des pluies.

Ne devrions-nous pas chercher à aller vers des villes plus compactes, des villes de courtes distances, afin de limiter les impacts sociaux, économiques et environnementaux de l'étalement urbain ?

Pour moi, la meilleure réponse à apporter aux problèmes que nous rencontrons se trouve dans une recomposition urbaine et architecturale de la ville existante, avec plus de verticalité comme dans les grandes métropoles du monde.

Il s'agit de reconstruire une ville sur la ville au lieu d'essayer d'en créer de nouvelles. Il s'agit de trouver une densité urbaine optimale permettant d'éviter les conséquences de l'étalement urbain, comme la surconsommation énergétique pour le transport.

La densité de la population et la consommation d'énergie liée au transport sont inversement corrélées. Nos politiques urbaines ont des impacts sur la facture énergétique liée au transport des ménages : « pour se rendre à son travail, faire ses courses et conduire ses enfants à l'école, un habitant de Los Angeles dépense chaque année six fois plus d'énergie qu'un Londonien ou un Parisien, qui vivent dans des villes à forte densité de population ».[12]

Cependant, la densité n'est pas le seul critère qui permet d'agir sur la consommation d'énergie liée au transport car à densité égale, on se rend compte que certaines villes n'ont pas forcément les mêmes niveaux de consommation.

---

[12] Philippe Rekacewicz, janvier 2005 – Le Monde Diplomatique

Pour une même densité, ces mêmes habitants de Los Angeles consomment trois fois plus d'énergie pour leurs déplacements que ceux d'Oslo[13].

La densité optimale est une condition indispensable pour atteindre de bas niveaux de consommation énergétique mais il y a d'autres critères sur lesquels il faudrait aussi agir, comme la mixité fonctionnelle et le développement de modes de transport doux.

La recherche d'une mixité fonctionnelle dans les projets d'aménagement qui vise à intégrer les équipements publics, les commerces et l'activité économique au sein des zones résidentielles permet aussi de réduire les consommations d'énergie liées au transport.

Le développement des modes de transports doux permet aussi de réduire l'utilisation systématique des véhicules.

Cela nécessite l'intégration de voies réservées à ces modes de transport dans l'espace urbain et de favoriser le système de partage et de location de vélos, comme cela s'est développé dans les grandes métropoles.

Pour y arriver, il s'agit donc de recréer une ville sur la ville en reconfigurant le paysage urbain pour que nos villes, tout en restant compactes, nous donnent aussi le sentiment d'être plus aérées.

Des zones entières, essentiellement composées de maisons individuelles et de petits immeubles collectifs, devraient être repensées et reconfigurées avec des immeubles en hauteur garantissant une meilleure qualité de vie. Cela permettrait de dégager des assiettes foncières qui serviraient à créer de meilleurs aménagements extérieurs avec des voies et des trottoirs plus larges pour la redécouverte de la marche à pied.

---

[13] « Les énergies : comprendre les enjeux » Par Paul Mathis, Jean Jouzel – Éditions Quæ

Il s'agira, dans un premier temps, de réfléchir à des plans d'urbanisation et d'aménagement intégrant toutes les infrastructures nécessaires au bon fonctionnement d'une ville.

Ensuite, il faudra, selon les règles du droit, exproprier tous les propriétaires impactés par ce plan d'aménagement. Les assiettes foncières dégagées devraient permettre :

i. la réalisation de voies et trottoirs plus larges et de toutes les autres infrastructures qui, aujourd'hui, font défaut dans nos villes (des voies réservées aux transports publics, au covoiturage, des pistes cyclables…)
ii. un meilleur partage de la voie publique
iii. la création de nouvelles opportunités foncières pour les promoteurs immobiliers, suivant un cahier des charges qui les oblige à construire en hauteur.

Quid des zones piétonnes ?

Toutes les grandes villes du monde ont dans leur centre-ville des zones dédiées aux piétons avec des commerces, des restaurants, des animations… mais force est de constater que cela fait vraiment défaut au Sénégal, alors que l'on a besoin de redonner une place très importante à l'humain dans les villes.

Je suis convaincu que les populations sont demandeuses de telles mesures et ont besoin d'un État qui les accompagne dans l'amélioration de leur cadre de vie.

De la nature en ville

Dans ce nouveau plan d'aménagement, la nature devrait avoir une place importante. Rappelons-nous qu'en 2050, nous serons 2 personnes sur 3 à vivre en ville, ce qui signifie qu' au-delà même de créer de la végétation en ville, il faudra aller vers une agriculture urbaine, avec la création des fermes de villes.

Des fermes urbaines ont été développées dans plusieurs villes comme Montréal et Laval (Les fermes de Lufa). Ces fermes urbaines produisent 190 tonnes de légumes sur deux serres de 7300 m^2 situées sur le toit de deux bâtiments grâce à l'hydroponie qui est une nouvelle technique utilisée dans l'agriculture. Elle consiste à remplacer la terre par un substrat neutre et inerte comme les fibres de coco ou les billes d'argile. Ce substrat est trempé dans de l'eau contenant les substances nutritives dont la plante a besoin. Cette forme de culture a l'avantage de consommer entre 70 et 90% d'eau de moins qu'une culture classique. Déjà en 2015, les fermes de Lufa fournissaient plus de 5000 paniers de fruits et légumes par semaine aux familles canadiennes.

Les plus grandes villes du monde ont compris cet enjeu et ont commencé à imposer l'intégration de toitures-terrasses végétalisées et la création d'espaces réservés aux cultures vivrières dans les copropriétés.

Nous devons commencer à nous inspirer de cette démarche et de ces initiatives, tout en tenant compte de nos réalités.

Pour une meilleure mobilité

Par ailleurs, il y a lieu de s'intéresser aussi à la mobilité urbaine et au stationnement des véhicules automobiles. Il faudrait limiter l'usage des véhicules personnels en développant les transports publics collectifs ou les modes de déplacements doux. Cela passe par la création de voies de circulation beaucoup plus larges avec d'une part, des voies réservées aux bus, au covoiturage et aux deux-roues, d'autre part, des trottoirs pour les piétons et les personnes à mobilité réduite (fauteuils roulants, poussettes).

La construction en hauteur rendra disponibles plus d'assiettes foncières pour faire les aménagements extérieurs adéquats.

Pour une planification urbaine plus responsable

Parmi ces aménagements extérieurs, il y a les zones de stationnement des véhicules automobiles qui malheureusement ne sont pas tout le temps intégrées dans les opérations d'aménagement.

La frénésie rencontrée dans le secteur de la construction n'est pas accompagnée d'une vraie volonté de l'État de faire augmenter les places de stationnement des véhicules. Dans les villes sénégalaises, force est de constater que les automobilistes sont laissés pour compte dans la planification urbaine.

On se gare comme on peut !

L'État a, pendant longtemps, omis de se poser la question du besoin de stationnement des véhicules.

L'article R210 du Code de l'urbanisme donne la possibilité à l'administration de conditionner la délivrance d'un permis de construire à la réalisation de places de parkings dans l'emprise du projet. Cela devrait tout simplement être la règle de base à imposer pour toute nouvelle construction.

Des décrets sont venus instaurer cette obligation de places de stationnement lors des nouvelles constructions dans les règlements d'urbanisme applicables dans les secteurs de Dakar Plateau, du Point E, des Almadies et dans les lotissements de la SICAP.

Elle devrait être généralisée à l'étendue du territoire national et l'on devrait surtout veiller à ce qu'elle soit respectée.

Il est inconcevable pour un pays qui a une politique urbaine claire d'accepter la construction d'immeubles ou de lotissements sans se soucier de la réalisation des places de stationnement.

Cela va sûrement pousser à la création de parkings souterrains (sous réserve de résoudre le problème des inondations) pour les immeubles d'habitations collectives mais tout le monde est d'accord sur le fait que cette situation ne peut plus durer.

Il suffit de se promener dans les quartiers résidentiels où poussent de petits immeubles collectifs pour se rendre compte des difficultés que rencontrent les populations pour trouver une vraie place de stationnement.

Une règle rendant obligatoire la réalisation de places de stationnement doit donc être clairement établie dans le Code de l'urbanisme.

Pour moi, c'est une évidence !

Le caractère non obligatoire et l'existence de cette appréciation donnée aux instructeurs de permis de construire de l'article R210 du Code de l'urbanisme doivent tout simplement être éliminés.

Les règles connues qui permettent de répondre à ce besoin de place de stationnement sont de type : « 1 place de parking par tranche de 50 m^2 de surface construite».

Cela veut tout simplement dire que pour chaque tranche de 50m^2 de surface habitable construite, le maître d'ouvrage doit prévoir au moins une place de parking permettant le stationnement des véhicules des occupants de l'immeuble collectif ou de la maison individuelle.

Pour les secteurs du Point E et de Dakar Plateau, la règle qui a été instaurée par le décret du 8 août 2008 est une place de stationnement par appartement. C'est la même règle qui est instaurée dans les lotissements de la SICAP par décret du 18 août 2008.

Pour le secteur des Almadies, le décret du 15 juin 2010 exige :
   i. 1 place de stationnement par tranche complète de 45 m^2 de surface[14], avec un minimum de 1 place de stationnement par logement pour les immeubles collectifs;
   ii. 2 places de stationnement, dont 1 au moins couverte pour le logement individuel.

Je trouve que c'est une très bonne chose et qu'il faudrait faire évoluer le ratio de 1 place par logement vers un ratio de 1.2 ou

---

[14] Surface hors œuvre nette

1.3 places par logement ceci pour prendre en compte les familles possédant plusieurs véhicules.

Ce sur quoi les règles d'urbanisme restent muettes, ce sont les places réservées aux visiteurs et aux personnes à mobilité réduite (handicapés, femmes enceintes, personnes âgées...). Il faudrait, de la même manière qu'il existe une règle pour les places de stationnement privatif, imposer que des places réservées aux visiteurs et aux personnes à mobilité réduite soient prévues lors de la conception des immeubles.

Dans le cas où le demandeur ne souhaiterait pas ou ne pourrait pas réaliser de parkings, une taxe devra être instaurée pour permettre la réalisation par l'administration d'espaces de stationnement collectif public.

Cette taxe existe dans plusieurs pays et sert à financer la réalisation de places de stationnement publiques.

Son montant devra être au moins égal à la valeur marchande d'une place de stationnement. Elle devrait permettre aux pouvoirs publics de mieux aménager l'espace public avec la création de parkings.

Il faudrait créer des sanctions très lourdes pour les maîtres d'ouvrage, promoteurs, architectes ou constructeurs qui ne respecteraient pas cette règle.

Cette même règle concernant l'obligation de créer des places stationnement pour les véhicules « moteurs » doit être appliquée aux deux-roues. L'idée est de prévoir pour chaque immeuble collectif une surface dédiée au stationnement des deux-roues et cela pour encourager les modes de transport doux et limiter la pollution. En effet, il faut préparer « l'après-pétrole » et notre devoir de proactivité nous impose dès à présent d'appliquer cette règle.

Ensuite, il y a également lieu d'interdire la possibilité de changer la destination des surfaces dédiées aux stationnements dans les maisons individuelles et dans les immeubles collectifs de logements.

Ces espaces dédiés aux stationnements des voitures qui existaient dans les cités construites par la SN HLM ou la SICAP sont le plus souvent devenus des espaces d'activité où l'on retrouve maintenant des commerces de proximité, des ateliers de couture ou de coiffure qui ont pour vocation de remédier au déficit de locaux commerciaux qui, vraisemblablement, ont été oubliés lors de la réalisation de ces lotissements.

De ce fait, les automobilistes se garent un peu n'importe où dans l'espace public, sans qu'il n'existe réellement d'aménagement prévu à cet effet. Ce qui n'améliore pas le cadre de vie.

Le détournement des places de stationnement de leur rôle initial est une pratique à interdire.

Des bureaux et des commerces à la place qu'il faut
La transformation d'espaces initialement destinés à l'habitation en bureaux ou commerces est une pratique très répandue.

Les entreprises se sont installées, dans la plupart des cas, dans des immeubles qui, à la base, étaient destinés à l'habitation. Cette situation est dangereuse et fausse les règles de politique urbaine et fiscale.

Les besoins en stationnement ne sont pas les mêmes entre des immeubles d'activités et les immeubles d'habitation.

Il faut créer un vrai marché de bureaux avec des pôles économiques bien pensés.

Cela exige de clarifier dans l'arrêté de délivrance des permis de construire la destination de l'immeuble et de proscrire toute autre activité que l'habitation.

Il faudra ensuite s'assurer par le biais des services du ministère du Travail et du ministère de l'Urbanisme que les entreprises occupent bien des immeubles qui ont été construits à cet effet.

Il en est de même pour la création des commerces. L'anarchie constatée au niveau des allées du Centenaire ne l'aurait jamais été si cette règle avait été adoptée il y a fort longtemps.

Toute personne désirant changer la destination de son édifice devra en faire la demande aux autorités. Avant de donner leur approbation, les agents de l'État pourront alors s'assurer que les règles liées aux stationnements et à la sécurité incendie soient toujours respectées pour ce type de bâtiments que sont les commerces ou bureaux.

Il s'agit là d'un moyen pour mieux encadrer la politique urbaine et avoir une mesure à tout moment.

Je suis attristé par les milliards qui sont investis dans les grands projets urbains (Diamniado, Jaxaay…) sans que tous ces points ne soient intégrés dans la conception.

À un moment donné, on devra nécessairement payer le coût de la non-prise en compte de tous ces facteurs qui influenceront négativement sur la qualité de vie de nos populations et c'est vraiment regrettable pour les futures générations.

Un ouvrage, un permis de construire

Le Sénégal s'est doté en 2009 d'une réglementation en matière d'urbanisme rendant obligatoire l'obtention d'un permis de construire pour tout type de construction.
À ce jour, on constate malheureusement que la plupart des immeubles qui se construisent le sont sans permis de construire.
Les autorités ne semblent pas se donner les moyens de faire respecter le Code de l'urbanisme et l'anarchie constatée dans les constructions n'est pas près de s'arrêter, du moins si rien n'est fait.
En mars 2014, l'Inspection Générale des Bâtiments (IGB) et la Direction de la Surveillance et du Contrôle de l'Occupation des Sols (DSCOS) ont mis en place une opération de contrôle dénommée « une semaine, une commune d'arrondissement » qui a permis de constater que sur 191 chantiers visités, plus de 118 chantiers étaient non autorisés, 31 autres autorisés mais non conformes et seulement 42 chantiers autorisés et conformes[15].
60% des constructions ne disposent donc pas de permis de construire !
C'est énorme !

Du respect des dispositions règlementaires
Il faut que les dispositions réglementaires imposées dans le Code de l'urbanisme soient respectées car cette anarchie constatée dans le secteur de la construction n'est pas digne d'un État de droit.

---

[15] Ces chiffres concernent les Communes de Ngor-Almadies, Grand Dakar, Parcelles Assainies, Hann Bel Air et la Corniche Ouest.

Pour y arriver, il n'y a qu'une solution possible, c'est de renforcer les contrôles sur les chantiers et de sanctionner lourdement les constructions illégales.

Dans la pratique, des contrôles sont faits mais ils aboutissent rarement à des sanctions.

L'article L85 du Code de l'urbanisme prévoit des sanctions pour les immeubles construits sans autorisation préalable ou ceux ne respectant pas les prescriptions édictées par l'autorisation de construire. Ces sanctions consistent :

i. en des amendes qui vont de 100.000 à 2.000.000 FCFA pour les constructions faites dans des zones non loties et de 100.000 à 10.000.000 FCFA pour les constructions faites dans des zones loties.

ii. en des peines d'emprisonnement de 10 à 24 mois pour les constructions faites dans des zones loties.

Toute personne ayant concouru à l'exécution desdites constructions ou installations est passible des mêmes peines.

Faire appliquer les sanctions prévues par le Code de l'urbanisme serait déjà faire un premier pas pour limiter les risques de constructions illégales. Nous ne pouvons plus continuer à vivre dans cette anarchie où n'importe qui se sent libre de ne pas respecter la loi sans risque de se faire sanctionner.

De la vulgarisation des dispositions réglementaires et du renforcement des contrôles

Il faudrait commencer par informer le grand public sur le l'obligation de demander un permis de construire pour toute nouvelle construction et cela par une campagne de vulgarisation à l'échelle nationale.

C'est très important !

L'introduction d'un module de cours dans les lycées et collèges sur « les bonnes pratiques du bon citoyen » devrait être envisagée dans le système scolaire. Ce module pourrait permettre de vulgariser ces obligations en matière d'urbanisme.

Ensuite, il faudrait renforcer les moyens des services de l'État qui ont en charge le contrôle de la légalité des constructions. Il ne s'agit pas uniquement d'envoyer des agents de l'État contrôler les chantiers mais aussi de rendre obligatoire un système de suivi des contrôles avec la production de rapports de gestion sur le nombre de constructions contrôlées et sur les décisions prises par les autorités au sujet des constructions jugées illégales.

Il faudrait aussi associer la population au contrôle de la légalité des constructions mais pour cela il faudrait que les projets ayant obtenu une autorisation de construire soient connus de tous et à tout moment.

L'affichage du permis de construire sur le chantier permet de rendre publique la nature des travaux envisagés mais dans la plupart des cas, au Sénégal, cela se traduit par la pose de minuscules planches en bois sur le site avec comme seul élément d'information le numéro du permis de construire et la date de délivrance.

La loi impose que les références de l'autorisation de construire et les coordonnées du concepteur d'un bâtiment figurent sur un panneau dressé sur le chantier par son bénéficiaire, dès la notification de la décision d'octroi et pendant toute la durée des travaux[16].

Le législateur est même allé jusqu'à prévoir des sanctions en cas de non-respect de cette disposition.

En effet, l'absence de panneau indiquant le numéro et la date de l'autorisation de construire sur site expose le titulaire d'un permis de construire à une amende[17] de 100.000 à 10.000.000 FCFA[18].

---

[16] Article R208 du Code de l'urbanisme
[17] Article R374 du Code de l'urbanisme
[18] 1 EUR = 655,957 F CFA

On voit dans ces dispositions du Code de l'urbanisme, une volonté de l'administration de mieux encadrer l'affichage des permis de construire mais il faut aller plus loin, en harmonisant les modèles de panneau d'affichage.

Il faudrait que les informations soient beaucoup mieux réglementées et plus détaillées pour permettre de vérifier rapidement l'authenticité d'un permis de construire.

En France, ce panneau est réglementé et doit obligatoirement comporter une série d'informations (Figure 1).

Comme au Sénégal, son affichage sur le chantier est obligatoire et cela de la délivrance de l'arrêté du permis de construire jusqu'à la fin des travaux.

On pourrait même imaginer que ce modèle de panneau soit délivré par le service d'urbanisme avec une « couleur » spécifique lors de l'autorisation de construire, avec l'obligation de l'afficher immédiatement sur le terrain et ce, pendant toute la durée des travaux.

L'exigence de la pose de ce panneau facilite le contrôle de la légalité des travaux, contrôle qui pourrait être fait par tous les citoyens et en l'occurrence les comités de quartier.

PERMIS DE CONSTRUIRE	
N° Permis :	
En date du :	
Bénéficiaire(s) :	
Nature des travaux :	
Superficie hors œuvre nette autorisée :	m²
Hauteur de la/des construction(s) :	m
Surface des bâtiments à démolir :	m²
Superficie du terrain :	m²
Le dossier peut être consulté à la Mairie de (ville et adresse) :	

Droit de recours :

Le délai de recours contentieux est de deux mois à compter du premier jour d'une période continue de deux mois d'affichage sur le terrain du présent panneau (article R. 600-2 du code de l'urbanisme).

Tout recours administratif ou tout recours contentieux doit, à peine d'irrecevabilité, être notifié à l'auteur de la décision et au bénéficiaire du permis ou de la décision prise sur la déclaration préalable. Cette notification doit être adressée par lettre recommandée avec accusé de réception dans un délai de quinze jours francs à compter du dépôt du recours (article R. 600-1 du code de l'urbanisme).

Figure 1 : Panneau règlementaire d'affichage de permis de construire sur site en France

De la responsabilisation des acteurs de la construction

Les Codes de l'urbanisme et de la construction ont instauré un certain nombre d'obligations dans la conception et la construction des bâtiments, mais dans les faits, ces dispositions architecturales ne sont pas toujours respectées.

En effet, il m'a été donné de constater à travers des programmes de logements de certains promoteurs immobiliers que certaines dispositions n'étaient pas respectées mais que cela n'empêchait pas la délivrance des autorisations de construire.

Prenons l'exemple du local « poubelle » obligatoire dans les immeubles collectifs et pour lequel l'administration n'est pas regardante.

Cela laisse supposer une méconnaissance des textes par les agents en charge de l'instruction des dossiers de permis de construire ou une volonté manifeste de ne pas faire respecter la réglementation. Dans les deux cas, c'est extrêmement grave.

Une check-list des obligations en matière d'urbanisme sous forme de formulaire doit être initiée par l'administration afin de permettre d'une part, aux architectes de faire un autocontrôle du respect desdites obligations et d'autre part, aux agents de l'État en charge d'instruire les permis de construire, de faire plus rapidement les vérifications.

En parallèle, d'autres mesures visant à responsabiliser les acteurs peuvent être prises à savoir :

    i.   demander aux banques qui financent les opérations immobilières de vérifier que le projet dont elles veulent assurer le financement dispose d'un permis de construire et d'exiger la production dudit permis avant de débloquer les fonds.

    ii.   s'assurer qu'une entreprise de construction qui se charge de la réalisation d'un bâtiment vérifie qu'un permis de construction a bien été délivré avant la signature du marché de travaux et prévoir des sanctions en cas de violation de cette obligation.

L'article L107 du Code de la construction oblige les entreprises et les maitres d'ouvrage à signer un contrat lors la construction d'un immeuble et à y annexer une copie du permis de construire.

iii. s'assurer de la légalité de la construction lors d'une demande de raccordement aux réseaux (Électricité, Eau potable, téléphone…). En effet, on pourrait imaginer que les services concessionnaires (SDE, SENELEC, ORANGE…) réclament le certificat de conformité[19] d'un bâtiment, avant de procéder à son raccordement.

Du délai de délivrance des permis de construire

Un autre point sur lequel on devrait apporter des changements est le délai de délivrance des permis de construire. À ce jour, le Code de l'urbanisme fait la distinction entre les dossiers dits complexes et ceux dits simples, en ce qui concerne la durée d'instruction des autorisations de construire.

Ce délai est de 28 jours calendaires pour les dossiers simples et 40 jours calendaires pour les dossiers complexes.

Cela appelle deux remarques importantes :

i. premièrement, une catégorisation plus claire doit être définie car les notions de complexité et de simplicité sont très subjectives.

Qu'est-ce qui permet de dire que tel projet est plus complexe qu'un autre ?

---

[19] L'attestation ou certificat de conformité d'un bâtiment est un document fourni par l'administration pour certifier du respect des dispositions légales en matière d'urbanisme.

Il manque, sans aucun doute, dans ces deux vocables, des critères d'appréciations plus objectifs, ce qu'il faudra très rapidement corriger.

Une catégorisation selon la destination et la nature des bâtiments apporterait plus de clarté. Cela pourrait se traduire par les catégories suivantes :

    a. Maisons individuelles,
    b. Immeubles d'habitations collectives,
    c. Immeubles d'activités (bureaux, commerces, entrepôts, industries)
    d. Immeubles de grande hauteur, Établissements recevant du Public,
    e. Bâtiments administratifs,
    f. Infrastructures sanitaires et sportives…

Une fois qu'on aura fait une meilleure catégorisation des bâtiments, il s'agira de définir les délais d'instruction du permis de construire pour chaque catégorie d'immeubles.

ii. deuxièmement, nous savons tous que les délais d'instruction de 28 et 40 jours inscrits dans le Code de l'urbanisme pour la délivrance des permis de construire ne sont pas toujours respectés car dans la pratique, on est plus sur des délais de 6 mois, et voire plus.

Le délai de délivrance des permis de construire fait partie des critères pour apprécier la performance des pays dans le classement Doing Business[20] de la Banque Mondiale.

Les autorités se sentent très concernées par le classement du Sénégal dans ce rapport annuel dont la publication est très médiatisée au niveau local.

---

[20] Le Rapport « Doing Business » est un rapport annuel produit par la Banque Mondiale qui mesure la qualité et l'efficience du cadre réglementaire d'un pays sur l'activité commerciale.

C'est ainsi que des mesures visant à améliorer les conditions de délivrance des autorisations de construire ont été prises, avec notamment la création d'un guichet unique réunissant régulièrement les services du Cadastre, des Domaines, des Mairies, de Protection Civile et de l'Environnement et la mise en place d'une procédure de demande de permis de construire en ligne appelée « TELEDAC ».

Si attendre plus de 6 mois pour obtenir un permis de construire pour une maison individuelle ou un immeuble collectif me paraît exagéré, les délais légaux de 28 jours et 40 jours qui sont actuellement donnés aux instructeurs semblent irréalistes et démontrent même une certaine irresponsabilité.

Si on souhaite faire un vrai travail de fond, en prenant en compte l'avis de tous les acteurs concernés, un délai beaucoup plus raisonnable devrait être accordé aux instructeurs des autorisations de construire.

Ils doivent être en mesure de solliciter l'avis de tous les concessionnaires (SENELEC, SDE, SONATEL, ONAS, Service de l'Environnement, Bâtiments classés, La Poste, Service voirie…) sur les possibilités de raccordement et le coût des travaux nécessaires au projet.

Cela devrait aboutir au calcul d'une vraie taxe d'aménagement à faire supporter aux titulaires des autorisations de construire pour le financement des infrastructures publiques de qualité.

Pour un travail de qualité sans précipitation, je propose donc que le délai d'instruction des demandes d'autorisation de construire soit prolongé de 2 à 6 mois selon le type de construction envisagée.

Le souhait des autorités étatiques d'obtenir un meilleur classement dans le rapport « Doing Business » est à l'origine de cet objectif visant à délivrer plus rapidement les permis de construire, mais cela ne doit pas nous pousser à ne pas prendre le temps d'étudier les demandes d'autorisation de construire avec toute la rigueur qui sied. Dans les pays développés, les autorités prennent le temps de recevoir les avis des services concédés et leurs prescriptions techniques sont reprises dans l'arrêté autorisant la construction d'un immeuble.

Les coûts de branchement des réseaux ainsi que toutes les prescriptions de ces services sont indiqués dans l'arrêté de construire.

Dans tous les cas, l'État a d'autant plus intérêt à s'organiser de manière plus efficace en prenant le temps nécessaire pour donner un avis sur les demandes de permis de construire que l'article R207 du Code de l'urbanisme précise que le permis de construire est réputé être obtenu tacitement en cas de non-réponse de l'administration après le délai légal.

Il est donc tout à fait logique de se donner suffisamment de temps pour bien étudier les demandes d'autorisation de construire.

De la constitution du dossier de permis de construire

Sur un autre registre, il y a lieu de mieux encadrer la liste des documents à fournir pour une demande de permis de construire. L'article R201 et l'annexe 1 du Code de l'urbanisme dressent une liste et font mention de l'obligation de fournir les plans de tous les niveaux du bâtiment mais ne précisent pas l'échelle[21] à laquelle ces plans doivent être établis.

---

[21] Une échelle est le rapport entre la mesure d'un objet réel et la mesure de sa représentation (cartes géographiques, plans, maquettes, etc.).

Il y a là une nécessité d'apporter une précision car qui dit « plan de bâtiment » dit forcement « échelle ».

Un bordereau des pièces à fournir lors du dépôt de la demande d'autorisation de construire doit être conçu. Ce bordereau permettrait de lister tous les documents à fournir selon la nature des travaux et la situation du terrain et rendrait plus lisible la constitution d'un dossier de permis de construire.

En plus des documents exigés lors d'une demande de permis de construire, je rajouterais une attestation provenant d'une banque permettant de s'assurer de l'existence des fonds pour le financement global de l'opération, cela, afin d'éviter les chantiers interminables et de lutter contre le blanchiment d'argent.

Il faut que ce document soit rendu obligatoire par la loi pour faire partie des documents à fournir lors d'une demande de permis de construire.

De plus, il faut exiger la présence d'un « bureau de contrôle » dans tout projet de construction.

Pour l'instant cette obligation l'est uniquement pour les bâtiments de trois niveaux et plus sur rez-de-chaussée. Il faut la généraliser, l'idée étant de changer les pratiques et de tirer le « niveau » vers le haut.

On pourra demander dans le dossier de demande de permis de construire, la production par un « bureau de contrôle », d'un document attestant que toutes exigences techniques en matière de solidité et de sécurité incendie de l'ouvrage ont été respectées lors de la conception du projet.

C'est une évidence !

Pour éviter un renchérissement des prix avec ces nouvelles exigences, les conditions d'agrément des « bureaux de contrôle » doivent être assouplies et leurs tarifs réglementés par la même occasion.

Du certificat de conformité

Il y a également lieu de veiller à la délivrance des certificats de conformité. Le Code de l'urbanisme impose au titulaire d'un permis de construire de faire une déclaration d'achèvement de travaux dans les 30 jours suivant la fin de la construction.

L'article R370 prescrit un délai de 18 jours calendaires à l'administration, pour fournir un certificat de conformité[22], après le dépôt de la déclaration d'achèvement de travaux.

Comme je l'ai proposé plus haut, il faudrait faire en sorte que ce certificat de conformité devienne un outil majeur dans le contrôle de la légalité des constructions, en imposant par exemple que le raccordement au réseau électrique et au réseau d'eau potable se fasse uniquement après la fourniture de ce document. Cela permettrait de pousser les citoyens à solliciter un permis de construire avant de démarrer des travaux ou de chercher à régulariser les constructions déjà achevées.

Une attestation provenant d'un « bureau de contrôle » garantissant le respect des dispositions techniques pourra être réclamée lors de la déclaration d'achèvement de travaux.

Si l'on veut vraiment aller vers un assainissement du secteur de la construction et pousser les citoyens à demander une autorisation de construire avant d'entamer un projet de construction, de telles mesures doivent être envisagées.

Du délai de recours des tiers et de retrait administratif

L'autorisation de construire est délivrée par arrêté du maire ou du président du conseil rural sous réserve du droit des tiers et de l'administration[23].

---

[22] L'attestation ou certificat de conformité d'un bâtiment est un document fourni par l'administration pour certifier du respect des dispositions légales en matière d'urbanisme.

[23] Article R208 du code de l'urbanisme

Le terme « sous réserve du droit des tiers et de l'administration » veut dire que l'autorité compétente ne vérifie que la conformité du projet avec les règles et les servitudes d'urbanisme au moment de l'instruction du permis. Les vérifications liées aux règles de droit privé comme les servitudes de vues, de limites, privation d'ensoleillement relèvent de la responsabilité des propriétaires voisins et c'est donc à eux d'agir si leurs droits sont atteints.

Pour permettre à un tiers de pouvoir agir auprès des tribunaux en cas de violation des règles, il faut que l'Etat définisse les modalités de mise en œuvre des recours et malheureusement ce n'est pas le cas.

Tout d'abord, il faudrait rappeler explicitement ce droit de recours et de retrait administratif dans le Code de l'urbanisme.

En dehors du fait qu'il permet de vérifier la légalité d'une construction, l'affichage du permis de construire sur site est d'une importance capitale car c'est à compter de la date d'affichage sur site que démarre le délai de recours des tiers.

Le délai de recours des tiers est le délai donné à toute personne se sentant lésée par une construction de faire opposition au permis de construire auprès de l'administration.

L'obligation d'affichage du permis de construire sur site permet donc à tous les citoyens de saisir les tribunaux pour faire annuler le permis en cas de constatation du non-respect des dispositions règlementaires.

Et pour qu'ils puissent le faire, il faut que l'intention de construire soit portée à leur connaissance. D'où l'importance de cette obligation d'affichage des panneaux de permis de construire sur le lieu où les travaux sont envisagés.

La preuve de l'affichage du permis de construire sur site est faite en général par un constat d'huissier et dans les faits, à compter de cette date et durant tout le délai de recours défini par la loi, il est possible à une tierce personne de s'opposer au projet en saisissant les autorités compétentes.

Le retrait administratif du permis de construire, quant à lui, est la possibilité que se donne l'administration pour revenir sur sa décision en annulant l'autorisation de construire déjà délivrée.

Ce retrait administratif peut intervenir dans un délai qui est doit être défini par la loi.

En pratique, on ne démarre généralement une construction qu'après la fin de ces délais de recours des tiers et de retrait administratif, afin d'éviter tout risque d'annulation du permis.

Dans les pays développés, ce système est bien connu des acteurs de construction qui adaptent leur planning de réalisation en conséquence.

Cette clarté dans les dispositions légales notées dans ces pays n'existe pas forcément au Sénégal. Il s'agit là d'un dysfonctionnement majeur !

Cela veut dire qu'à tout moment l'administration ou un tiers peut s'opposer à un permis de construire et demander l'arrêt des travaux.

Cette situation est inadaptée à un pays qui se veut attractif et qui souhaite attirer les investissements.

En effet, cet état de fait rend le risque de blocage des projets trop élevé car tout investisseur peut voir son chantier arrêté sans pouvoir se faire rembourser les frais déjà engagés.

Le délai pendant lequel un recours ou retrait administratif pourrait avoir lieu doit être bloqué dans le temps.

Des cas d'annulation de permis de construire déjà délivrés existent pour des projets pour lesquels les travaux avaient démarré.

En cas d'erreur, l'administration ne s'interdit pas de retirer un permis de construire déjà attribué même dans le cas où les constructions auraient démarré.

L'on peut donc se retrouver avec un permis annulé et un bâtiment entamé pour lequel on ne sait plus quoi faire.

Un ouvrage, un permis de construire

Cette situation est très courante et si l'on veut attirer les investissements et protéger les citoyens, il faut que la possibilité donnée à un tiers de contester un permis de construire ou à l'administration de le retirer, soit limitée dans le temps.

Cela aura le mérite de mieux responsabiliser les personnes en charge de la délivrance du permis de construire.

En France, le délai de recours d'un tiers est de deux mois à partir du constat par un huissier de l'affichage du panneau d'information du permis de construire sur le terrain, et de trois mois pour le retrait par l'administration à partir de la date de délivrance. Il faut que notre législation aille dans le même sens.

La preuve du caractère définitif d'un permis de construire doit pouvoir être garantie par la délivrance d'une attestation de non-recours des tiers et de non-retrait administratif.

La vente d'un logement chez un notaire et le financement d'un projet immobilier par une banque devraient être subordonnés à la fourniture de ce document.

Il existe donc des barrières administratives dans le processus de construction et d'acquisition de logements, qui permettent de s'assurer du respect de la légalité d'une construction à chaque étape clé du projet.

Nous devons rapidement les mettre en œuvre, afin que nos projets soient en cohérence avec notre politique urbaine et notre stratégie de développement économique.

De vrais équipements publics

Enfant, j'ai eu la chance de grandir à Dakar, dans un quartier plutôt agréable, dans lequel se trouvait un espace sportif comprenant trois terrains de football pour adultes et deux autres pour enfants, ouverts au public et gratuitement.
Cet espace qui s'appelait « tour de l'œuf » a été depuis supprimé et en lieu et place, l'État a fait construire l'actuelle piscine olympique.
À l'époque, c'était une réelle chance d'avoir ces espaces au cœur de notre quartier, mais pour espérer avoir un terrain de jeu disponible pour se faire un match entre copains, il fallait vraiment se lever tôt ou choisir des horaires un peu spéciaux.
Et quand on arrivait à avoir un terrain disponible, le plus dur était de le garder car il fallait sans cesse faire face aux intimidations des jeunes des quartiers voisins pour espérer finir une partie. C'était la loi du plus fort.
Il y avait, tout autour, un réel déficit d'équipements sportifs et nous étions souvent obligés d'aller jouer sur la voie publique, avec tous les risques que cela comportait. Imaginez un match de foot sur la voie publique, avec l'obligation de s'arrêter quasiment toutes les deux minutes, pour laisser passer les voitures. Nous n'avions malheureusement pas le choix et nous n'étions pas les seuls. Tous les enfants de mon âge ont vécu ces parties de foot pratiquées dans la rue que l'on appelait communément « petits camps ». Pour nous, c'était normal car, à défaut de trouver un terrain de jeu disponible, nous en avions créé un et nous étions arrivés à faire de ces parties de « petits camps », de vrais moments de plaisir.

De vrais équipements publics

À y réfléchir de plus près, on se rend compte que cette situation est due, en réalité au manque d'infrastructures publiques auquel nos villes sont confrontées.

Dans les grandes métropoles du monde, les équipements publics accompagnent le développement des habitations.

Lors des opérations d'aménagement, les municipalités se soucient des besoins en infrastructures générés par les nouvelles opérations immobilières. En dehors des voiries, de l'éclairage public, des systèmes d'assainissement collectif, des installations électriques nécessaires pour accompagner les constructions, elles se soucient également des besoins plus indirects, comme les équipements sportifs, scolaires et sanitaires qui participent aussi au bien-être des populations.

Au Sénégal, cette démarche est loin d'être la règle. On se soucie uniquement de l'emprise foncière dans laquelle on souhaite édifier un immeuble mais dès qu'on se retrouve dans l'espace public, on est face à un paysage urbain non structuré plutôt désolant.

Figure 2: Le quartier des Almadies

La zone la plus frappante est le secteur des Almadies, avec des habitations de haut-standing mais des infrastructures publiques quasi inexistantes.

Dans le cadre de mon travail en France, je suis amené à monter des projets immobiliers de logements. Un jour, je me suis vu refuser un permis de construire dans une ville où nous envisagions de construire un immeuble de 41 logements pour le motif qu'il y avait un déficit de salles de classes dans le secteur concerné.

Le maire de cette commune a estimé ne pas être en mesure d'accepter la construction de nouveaux logements et donc l'arrivée de nouveaux ménages tant qu'il n'aurait pas fini d'augmenter la capacité d'accueil de nouveaux écoliers dans ce secteur de la ville. Au Sénégal, on est loin de comprendre et d'adopter cette démarche, alors pourtant que cela devrait être la règle.

Du financement des infrastructures publiques

La construction de nouveaux bâtiments nécessite le raccordement aux réseaux, la construction de voiries, l'augmentation du besoin de production d'énergie et il conviendrait donc de plus se préoccuper de la réalisation de telles infrastructures au moment de délivrer les autorisations de construire.

L'article R213 du Code de l'urbanisme permet de conditionner la délivrance d'un permis de construire à la réalisation des travaux de viabilisation notamment la voirie, l'alimentation en eau et en électricité, l'évacuation des eaux usées, la réalisation d'aires de stationnement et d'espaces verts.

Cette possibilité donnée à l'agent administratif ou au maire de juger de la nécessité ou pas de réaliser des travaux de viabilisation est à revoir. Il faudrait tout simplement en faire une obligation, en faisant supporter le coût de réalisation de ces infrastructures aux constructeurs.

Il s'agit d'instaurer une taxe d'aménagement ou de viabilisation à la charge des demandeurs des permis de construire. Cette taxe, calculée en fonction de la taille du projet, pourrait ainsi permettre de financer les équipements publics.

Si aujourd'hui les taxes liées à l'achat d'un bien sont excessives (même si elles ont été réduites ces derniers temps), celles liées à la construction d'un bien sont insignifiantes. À ce jour, pour la délivrance d'un permis de construire, il faut payer :

 i. une taxe municipale ou rurale qui varie en fonction des localités de 50.000 à 200.000 FCFA[24]
 ii. une taxe d'urbanisme qui varie entre 1.000 et 5.000 FCFA, plus un timbre fiscal de 1.000 FCFA.
 iii. une enveloppe timbrée à 200 FCFA, portant l'adresse du requérant.

Je pense que les taxes liées à l'acquisition d'un bien devraient être réduites ou remplacées par une taxe de participation aux équipements urbains, à payer lors de la délivrance de l'autorisation de construire. Cela permettrait de financer directement les infrastructures publiques nécessaires au bon fonctionnement de la Cité. Il s'agit là d'une nécessité face au développement rapide des constructions.

Une bonne analyse des données démographiques issues du recensement de la population de 2013 accompagnée d'un diagnostic des équipements publics permettrait de mieux connaitre les besoins et de poser une stratégie visant à faire évoluer le cadre de vie des populations.

---

[24] 1 EUR = 655,957 F CFA

De la bonne gestion des opérations d'aménagement

Les projets d'aménagement au Sénégal doivent être menés de façon à garantir une bonne répartition des infrastructures publiques et ce n'est malheureusement pas toujours le cas.

Prenons l'exemple des Pôles urbains de Diamniadio et du Lac Rose. Il s'agit d'une opération visant à la création d'une ville nouvelle de plus 40 000 logements. C'est, sans aucun doute, l'un des plus grands projets d'aménagement jamais imaginé dans ce pays.

Le décret n° 2015-79 du 20 janvier 2015 vient définir les règles d'attribution des terres sur ce projet. À la lecture de ce décret, on constate que les options prises par les pouvoirs publics sont loin de nous garantir une qualité architecturale et urbaine à l'image des grandes opérations d'aménagement lancées dans le monde, ces dernières années.

Il s'agit d'un montage assez particulier qui ne pourrait pas être imaginé dans un pays qui recherche la transparence dans la gestion de la chose publique et l'excellence en matière d'architecture et d'aménagement.

Tout d'abord, les critères d'attribution des assiettes foncières sont inexistants. En effet, pour se faire attribuer une assiette foncière, il s'agit tout simplement de faire une demande et de l'adresser au Délégué Général à la Promotion des Pôles urbains de Diamniadio et du Lac Rose.

Il suffit, pour cela, de constituer un dossier composé :
    i.   d'une note explicative et justificative détaillée ;
   ii.   d'un document descriptif du programme des constructions et aménagements envisagés.

« Le demandeur doit, en outre, fournir des informations sur ses sources de financement et ses références techniques et après instruction, le Délégué Général soumet le dossier à l'avis du Comité consultatif »[25].

Les critères qui permettent de savoir si un projet est réellement susceptible de recevoir un avis favorable ne sont pas clairement établis, ce qui peut ouvrir la voie au clientélisme, et cela n'est pas acceptable !

Les critères d'attribution doivent donc être clairement définis. Je reviendrai plus loin sur ce que ces critères pourraient être pour une gestion plus transparente et la recherche d'une meilleure qualité architecturale des bâtiments mais pour l'instant arrêtons-nous encore un peu sur ce décret n° 2015-79 du 20 janvier 2015..

Son article 16 précise que l'attribution des terrains des périmètres des Pôles Urbains de Diamniadio et du Lac Rose peut faire l'objet de baux ordinaires, de baux emphytéotiques, de concessions de droit de superficie, de cessions définitives ou d'autorisation d'occuper.

Cette attribution fait l'objet d'une convention de réservation entre l'opérateur urbain et l'État.

Cette convention détermine la participation financière pour l'attribution d'une assiette foncière et encadre les travaux envisagés en termes de bâtiments, d'aménagements, d'équipements en voiries et réseaux divers.

La participation financière est constituée :
i. du loyer annuel pour les baux ordinaires et les baux emphytéotiques, du prix pour les concessions du droit de superficie ou les cessions définitives ou de la redevance pour les autorisations d'occuper ;
ii. du montant de la participation financière aux travaux de voiries et réseaux divers.

Ensuite, il est dit dans ce décret que le montant de la participation financière est fixé par arrêté du Président de la République.

---

[25] Article 13 du décret n° 2015-79 du 20 janvier 2015

Les assiettes des équipements publics sont cédées gratuitement à l'État ou aux collectivités territoriales.

La question importante à se poser est de savoir les critères objectifs sur lesquels se base le Président de la République pour la détermination du montant des participations financières.
Ne serait-il pas plus transparent et surtout plus équitable que le montant soit connu et que les critères d'attribution soient définis à l'avance ?
De quoi dépend le montant à payer par les promoteurs pour se voir attribuer une parcelle ?
Pourquoi ne pas faire supporter le coût des équipements publics des collectivités locales aux opérateurs immobiliers ?
Voilà autant de questions qui méritent que l'on s'arrête sur le montage de ce projet car dans la pratique, il y a bien d'autres méthodes beaucoup plus rigoureuses, plus transparentes et plus intéressantes pour déterminer le prix à payer par les opérateurs dans le cadre d'une opération d'aménagement de ce type.

Pour une gestion plus transparente des affectations de terrains

Ce prix à payer, appelé « charge foncière » permet d'assurer l'équilibre des opérations et de faire supporter aux développeurs urbains et promoteurs immobiliers l'ensemble des équipements publics et des travaux d'aménagement.
Pour cela, il s'agit de déterminer toutes les dépenses nécessaires à la réalisation de l'opération d'aménagement et de les faire supporter aux opérateurs urbains, en fonction de la quote-part de « droit à construire » qu'ils auront obtenue.
Le « droit à construire » est la surface de plancher qu'il est autorisé de construire sur une parcelle. En règle générale, plus un terrain a un « droit à construire » important, plus il est cher.

Une parcelle de 2000 m² sans « droit à construire » n'est pas plus intéressante qu'un terrain de 200 m² avec 500 m² de « droit à construire ».

C'est pour cela qu'il est illogique de lier uniquement le prix d'une assiette foncière à sa surface.

Les voiries et réseaux divers ne sont pas les seuls postes à faire supporter aux opérateurs urbains, comme cela semble être le cas dans le montage du projet au regard du décret susvisé.

Il y a lieu d'y ajouter en effet, toutes les infrastructures publiques, comme les établissements scolaires et sanitaires, les infrastructures sportives, les parcs et jardins publics, les parkings publics et les infrastructures liées à la sécurité, telles que la police ou la gendarmerie...

L'ensemble de ces dépenses ramené au « droit à construire » global du projet permet de déterminer la charge foncière minimale qui devrait être appliquée sur chaque assiette foncière (éventuellement pondérée, pour prendre en compte la localisation du terrain vis-à-vis des points d'intérêt et des contraintes d'urbanisme).

La détermination de la charge foncière doit également intégrer les contraintes techniques inhérentes au cahier des charges lié à l'assiette foncière pour permettre au promoteur de « faire tourner » un bilan financier acceptable. Il s'agit là d'intégrer certaines exigences liées par exemple au prix de sortie des logements et de leur standing (logement social ou accession libre[26]).

Une fois la charge foncière de chaque assiette déterminée, la qualité architecturale devrait être le seul critère d'attribution d'une assiette foncière. Le meilleur moyen de s'assurer d'avoir la

---

[26] L'accession libre à la propriété désigne le mode d'acquisition d'un logement dont le financement dépend entièrement de votre capacité financière sans aides ou subventions de l'État.

meilleure qualité architecturale, c'est d'organiser des concours « architectes-promoteurs ».

Je suis convaincu que c'est la seule et unique voie pour aller vers des projets plus qualitatifs, qui répondent aux exigences de transparence digne d'un grand pays.

Une ville, c'est aussi des équipements publics de proximité et de qualité et malheureusement jusqu'à présent, nous n'avons pas bénéficié de beaux projets d'aménagement comme on peut en voir dans les grandes métropoles du monde.

Pour une meilleure gestion des déchets

La gestion des déchets domestiques est problématique au Sénégal. Les villes sont jonchées d'immondices, ce qui est la conséquence d'un réel manque d'organisation du secteur et de l'absence d'une bonne sensibilisation des populations.

Cette situation est un vrai casse-tête pour les autorités, d'autant plus qu'elle crée un vrai malaise au sein de la population et une mauvaise image du pays.

Entre septembre et novembre 2013, une mission de terrain effectuée dans le cadre du Programme National de Gestion des Déchets a permis de constater que le pays comportait 1700 points d'insalubrité, dont 1500 dépôts sauvages d'ordures.

Cette situation est due principalement à :
  i. l'absence d'infrastructures adaptées au niveau des habitations,
  ii. l'absence de déchetterie de proximité,
  iii. l'absence ou la rareté des rotations des camions-bennes à ordures dans certaines localités,
  iv. l'absence d'un circuit de ramassage bien pensé.

Ces dépôts sauvages agissent malheureusement très négativement sur le moral et la santé des populations qui, pourtant sont volontaires pour participer aux actions citoyennes visant à l'éradication de ce phénomène.

Prenons l'exemple de ce qui se passe dans la ville de Keur Madiabel[27] qui a élaboré un service de ramassage des ordures, auquel 80% des habitants se sont abonnés.

---

[27] Keur Madiabel est une commune située dans le département de Nioro du Rip

Les ménages payent 700 FCFA[28] par mois pour le ramassage des ordures. C'est un service qui est très apprécié par les habitants, comme l'explique M. Djeumb GNING, bénéficiaire du programme : « On m'a fourni une poubelle que je dois remplir. Je ne m'occupe de rien d'autre alors qu'avant, gérer les déchets était un vrai casse-tête. C'est une dynamique qui m'a permis d'être plus propre et de prendre conscience que ma santé en dépendait ».[29]

La participation financière des populations a permis l'ouverture d'une décharge de déchets et le recrutement d'un gardien et de neuf charretiers qui s'occupent du ramassage des ordures.

Voilà un bel exemple de gestion participative et inclusive de la chose publique.

Et cela va encore plus loin car il ne s'agit pas tout simplement de stocker les déchets mais également de les éliminer et de les valoriser : « Les matières sont découpées, broyées, tamisées puis lavées, avant d'être stockées par couleur et par type dans des sacs de 35kg. Ces derniers sont vendus (40 francs CFA du kilo, soit 0,06 centimes d'euro) à une société qui se chargera de la fonte et de la réutilisation des plastiques. Quant aux sachets, ils sont également recyclés si leur qualité le permet. Transformés en bobines de fil, ils sont ensuite tissés pour réaliser divers objets comme des tapis ».

C'est une très belle leçon de gestion des déchets que nous donne cette petite localité.

Pour l'intégration de la gestion des déchets à l'échelle de nos bâtiments

En analysant de près ce qui se passe à Keur Madiabel, on se rend compte que les populations se sentent impliquées dans la gestion

---

[28] 1 EUR = 655,957 F CFA
[29] Extrait d'un article de Pétunia James – 9 mai 2014 – www.20minutes.fr

des ordures ménagères et qu'elles sont prêtes à payer pour faire évacuer leurs déchets.

Et plus généralement, partout au Sénégal, elles sont prêtes à participer au ramassage des déchets dans l'espace urbain, comme le prouvent les séances de « Set Settal »[30] qui sont organisées régulièrement. Le problème majeur reste donc l'organisation de la filière et cela relève de l'administration.

Regardons de près ce qui se passe à Dakar.

La Région de Dakar fait 82,38 km^2 et compte environ 3 millions d'habitants.

Il y a 200 camions-bennes qui font des rotations chaque jour pour le ramassage des ordures dans la région et cela représente 2450 tonnes de déchets par jour[31].

Ce chiffre, sûrement sous-estimé, compte tenu des dépôts sauvages qui existent un peu partout dans la capitale, nous montre que les Dakarois produisent environ 0.82 kg de déchets par jour et par habitant.

Nous savons donc qu'un Sénégalais produit autour de 0.82 kg de déchets par jour. Nous savons aussi qu'un ménage au Sénégal est composé en moyenne de huit personnes selon le dernier recensement. Nous sommes donc en mesure de savoir la quantité de déchets produite dans chaque ménage.

À partir de là, il nous est normalement possible de mieux appréhender les besoins de collectes de déchets.

Pour cela, il faut commencer à intégrer le paramètre « déchets » dans la planification urbaine car la gestion des déchets d'un pays doit être pensée depuis les lieux où ces déchets sont créés.

---

[30] Les « Set Settal » sont des campagnes de nettoyage collectif de l'espace public programmées sur un ou plusieurs jours auxquelles participent les habitants au sein d'une localité.
[31] Interview de Monsieur Moussa Tine, Directeur Général de l'Entente CADAK-CAR – Octobre 2015

Il s'agit ici, de commencer à réfléchir sur le « devenir » des ordures ménagères depuis leur lieu de production.

Jusqu'à présent, les architectes ne se voyaient pas dans l'obligation d'intégrer la gestion des « déchets » dans la conception des immeubles d'habitation.

Et pourtant, cela devient une nécessité, compte tenu du changement de mode d'habitation que nous connaissons et qui se manifeste par l'apparition de plusieurs petits immeubles d'habitations collectives.

Depuis le nouveau Code de la construction, l'État exige que les immeubles d'habitations collectives comportent un local clos et ventilé pour le dépôt des ordures ménagères avant leur enlèvement[32].

Il s'agit là d'une bonne mesure même si, dans la pratique, il s'avère que cette règle n'est pas respectée dans la grande majorité des immeubles de logements collectifs construits au Sénégal.

Et pourtant l'administration ne se prive pas de délivrer les autorisations de construire.

Il faudrait que l'État fasse respecter les règles qui sont inscrites dans le Code de la construction et aille même plus loin, en précisant les conditions d'application de cet article.

En effet, si le Code de la construction exige la présence d'un local clos et ventilé dans les immeubles collectifs pour le stockage des déchets, il n'y a malheureusement aucune précision sur la surface et les équipements que devrait comporter ce local. Le Code reste muet sur ces deux points. La notion de « local ventilé et aéré » doit être définie pour plus de clarté et de la même manière, des précisions devraient être apportées sur la taille et les équipements de ce local de stockage des déchets.

Il faut donc élaborer une règle pour encadrer la surface de ce local qui, bien évidemment, ne peut pas être la même pour tout

---

[32] Article R4 du Code de la construction

type d'immeuble d'habitations collectives. La surface d'un local destiné aux poubelles d'un immeuble de cinquante logements collectifs ne peut, de toute évidence, pas être la même que celle d'un immeuble de quatre logements collectifs.

Un immeuble de cinquante logements produisant plus de déchets qu'un immeuble de quatre logements, il est normal de dimensionner le local de stockage des ordures en conséquence.

Le fait d'être neutre sur ce point dans le Code de la construction laisse les instructeurs de permis seuls juges de ce que doit être la surface de ce local.

Une règle de calcul en fonction du nombre d'habitants devra donc être mise en place, afin de pouvoir juger objectivement de la surface de ces locaux « poubelles ».

Sur la précision attendue pour la notion de local aéré et ventilé, il est convenable d'exiger la création de grilles de ventilation avec des dimensions minimales à respecter.

Ensuite, il est important de pouvoir encadrer le mode de stockage des déchets et pour cela, il faudra exiger l'installation, dans ce local, de conteneurs dont le nombre dépendra, bien évidemment, de la taille de l'immeuble, de la quantité de déchets journaliers produite par les occupants et de la fréquence des rotations des camions de ramassage.

Il est souhaitable que les services de gestion des déchets des communes soient consultés lors de la délivrance des autorisations de construire et que leurs prescriptions soient intégrées à l'arrêté de permis de construire.

Il s'agira d'imposer la taille du local et le nombre de bacs de stockage pour tous les nouveaux immeubles.

On pourrait même imaginer que les communes fournissent ces bacs de stockage au maitre d'ouvrage à l'achèvement des travaux et réclament leur prise en charge lors de la délivrance de l'autorisation de construire.

Figure 3: Un bac de stockage de déchets 770 litres sur roulettes.

Pour les maisons individuelles, des seaux métalliques pourraient être remis aux ménages comme dans la localité de Keur Madiabel.

De la suppression des vide-ordures
Sur un tout autre registre, le Code de la construction donne des précisions sur les vide-ordures. En effet, « lorsqu'il est prévu des vide-ordures, ceux-ci doivent satisfaire aux règles sanitaires et de sécurité fixées par un arrêté conjoint des Ministres chargés de la construction, de l'Environnement et de la Santé. »[33]
De quoi parle-t-on ?
Il s'agit d'une gaine qui traverse tout l'immeuble par sa hauteur et par laquelle, depuis un palier d'étage, on peut jeter les déchets ménagers. En bas de cette gaine, se trouve normalement un bac qui est censé recevoir ces déchets.

---

[33] Article 12 du Code de la construction

L'idée même que l'on peut encore accepter des vide-ordures dans les immeubles d'habitations collectives est juste dénuée de tout bon sens.

Dans la pratique, ce système qui est « vendu » initialement comme étant pratique et confortable pour les occupants des immeubles, se transforme très rapidement en source de nuisances sonores et olfactives.

En effet, en plus des problèmes de remontées d'odeurs, de proliférations de mouches et de rats dans cette gaine en contact avec les appartements ou les paliers d'étage, on se retrouve vite face à un vecteur de bruits dans les immeubles.

En France, la loi n° 2003-590 (du 2.7.03, art. 93, 2°) permet aux syndics de copropriété de faire supprimer ces vide-ordures à la demande d'une majorité de copropriétaires. Ce qui n'était pas le cas auparavant, car les tribunaux exigeaient l'accord de la totalité des copropriétaires.

Il y a lieu, tout simplement, de les interdire avant que cela se généralise dans notre pays. Les occupants des immeubles collectifs qui voudront évacuer leurs déchets auront tout simplement à les transporter dans les zones de stockage prévues à cet effet, de préférence au rez-de-chaussée et donnant directement vers l'extérieur.

Comme vous le voyez, la gestion des déchets d'un pays doit commencer depuis les lieux où ils sont créés et il est nécessaire que les pouvoirs publics le comprennent et qu'un cadre législatif clair soit établi à travers le Code de l'urbanisme et de la construction.

D'autres pistes doivent être exploitées, comme la recherche de financement durable dans la gestion des déchets. Comme vous l'avez constaté à Keur Madiabel, les populations sont prêtes à payer et à participer à la collecte des déchets.

Pour l'intégration de la gestion des déchets à l'échelle des lotissements

Qui dit « déchets », dit « aire de stockage » mais également « aire de ramassage ».

L'aire de stockage étant définie dans l'immeuble ou à proximité de l'immeuble, il y a lieu de créer et définir des aires de ramassage, à l'échelle d'un quartier ou d'un lotissement.

L'emplacement de ces aires de ramassage doit être déterminé de sorte à ne pas provoquer de gênes, surtout celles liées aux odeurs.

Il faut également qu'elles soient facilement accessibles, de sorte à limiter le temps d'évacuation des ordures pour les ménages mais aussi le temps de manœuvre des camions de ramassage.

Les ménages devront ramener les bacs de stockage de déchets vers les aires de ramassage.

Pour les immeubles collectifs, il s'agira de passer par le biais du syndic de copropriété[34] pour ramener les bacs de stockage de déchets sur les aires de ramassage. C'est une prestation qui sans doute sera confiée à des entreprises spécialisées avec, à la clé, des créations d'emplois. Elle fera partie intégrante des charges de copropriété de l'immeuble[35] qu'il faudra préalablement estimer.

Les ordures contenues dans les bacs de stockage positionnés dans l'aire de ramassage seront directement vidées dans le camion de ramassage, lors la rotation.

Dans ces aires de ramassage, il faudra prévoir des conteneurs qui permettront de récupérer les déchets provenant des seaux de stockage des ordures provenant des maisons individuelles. Dans tous les cas, l'évacuation des déchets vers les aires de ramassage sera de la responsabilité des ménages, d'où la nécessité de faire un

---

[34] Le syndic de copropriété est la personne physique ou morale désignée par l'assemblée générale des copropriétaires dont la fonction consiste à assurer l'administration de l'immeuble dépendant de la copropriété.

[35] Les charges de copropriété sont les dépenses que doivent supporter collectivement les copropriétaires au titre de l'entretien de l'immeuble.

bon maillage afin de positionner ces aires de ramassage à proximité des habitations.

Pour le stockage des déchets au niveau des aires de ramassage, je pense qu'il conviendrait mieux de prévoir des conteneurs enterrés de type « Molok », car ils ont l'avantage d'offrir plus de capacité de stockage et d'occasionner moins de gênes aux riverains.

Figure 4: Exemple de conteneur enterré dans une aire de ramassage

L'absence d'aires de ramassage bien déterminées est à la source de l'apparition des nombreux dépôts d'ordures sauvages que nous voyons dans nos villes.

De la création de déchetteries de proximité

Parallèlement au système classique de ramassage des ordures ménagères, il est urgent de réfléchir à la création de déchetteries de proximité pour une meilleure efficacité du système de gestion d'ensemble des déchets.

Il s'agit de petites déchetteries où les habitants d'une commune pourront déposer leurs encombrants, gravats, cartons, ferrailles, bois, déchets électroniques, électriques et végétaux, pneus…

C'est un axe prioritaire de développement et l'État, en rapport avec les collectivités locales, devrait très rapidement mettre en place une stratégie visant à la création de déchetteries de proximité sur chaque commune dans les grandes villes.

De la gestion des déchets de chantier

On ne peut pas parler de gestion des déchets sans parler des déchets de chantier. Au Sénégal, force est de constater que les déchets de chantier ne font l'objet d'aucune surveillance et se retrouvent entassés dans des dépôts sauvages enfouis ou incinérés.

La gestion des déchets de chantier ne semble pas être une priorité pour l'État, même s'il existe une prescription y afférente dans le Code de l'Environnement : « toute personne, qui produit ou détient des déchets, doit en assurer elle-même l'élimination ou le recyclage ou les faire éliminer ou recycler auprès des entreprises agréées par le Ministre chargé de l'environnement. À défaut, elle doit remettre ces déchets à la collectivité locale ou à toute société agréée par l'État en vue de la gestion des déchets. Cette société, ou la collectivité locale elle-même, peut signer des contrats avec les producteurs ou les détenteurs de déchets en vue de leur élimination ou de leur recyclage. Le recyclage doit toujours se faire en fonction des normes en vigueur au Sénégal » [36]

---

[36] Article L31 du Code de l'Environnement

Pour une meilleure gestion des déchets

C'est un sujet très important qui mérite que l'on s'y attarde. Dans la pratique, il n'y a pas de suivi des déchets de chantier permettant de s'assurer que cette disposition de la loi est respectée par les acteurs de la construction.
Pour remédier à cet état de fait, il faudrait instaurer un système de traçabilité des déchets de chantiers, en imposant aux entreprises de construction de transmettre aux services compétents de l'État des Bordereaux de Suivi de Déchets (BSD) sur lesquels doivent figurer les signatures du maître d'ouvrage, propriétaire du « déchet », de l'entreprise productrice du « déchet » mais aussi le transporteur et l'éliminateur du « déchet ».
Ces Bordereaux de Suivi de Déchets pourraient être un document à exiger lors de la déclaration de fin de chantier en vue de l'obtention du certificat de conformité d'une construction.
Mais pour y arriver, cela suppose de créer une vraie filière de transport de déchets de chantier et donc l'obligation de positionner à l'intérieur de son chantier des bennes de stockage.
Cela suppose également de créer des sites d'élimination de déchets de chantier qui ne peuvent pas être les mêmes que ceux utilisés pour les déchets ménagers.
Il faudra donc imposer plusieurs bennes pour que le tri des déchets se fasse suivant la classification des déchets que l'État aura bien définie. Le tri des déchets est un élément très important sur lequel on devra insister car il faut savoir que le coût de traitement des déchets triés représente la moitié du coût de traitement des déchets non triés.
De plus, les dispositions du Code de l'Environnement interdisant l'incinération et l'enfouissement des déchets doivent êtres rappelées dans le Code de la construction.

De la gestion des terres polluées et des matériaux amiantés

Il y a lieu également de rappeler les dispositions règlementaires sur la pollution des sols et d'obliger les maîtres d'ouvrage à faire une analyse de pollution de sols sur les zones à risques.

Dans des sites où travaillaient auparavant des garagistes et mécaniciens, dans des zones où se trouvaient auparavant des unités industrielles, on retrouve maintenant des maisons et des immeubles de logements collectifs sans qu'aucune dépollution du site n'ait été diligentée pour traiter les poches de terres potentiellement polluées.

C'est mal connaître les dangers de la pollution des sols et notamment ceux liés aux hydrocarbures. Il faut vraiment s'attaquer à ce sujet.

Il y a aussi la question de l'amiante qui est un sujet tabou au Sénégal ; pourtant elle est présente dans beaucoup de constructions depuis des années et tout le monde connaît son caractère cancérigène.

L'amiante est « un groupe de minéraux fibreux naturels actuellement utilisés ou l'ayant été dans le passé dans le commerce à cause de leur extraordinaire résistance à la traction, de leur mauvaise conduction de la chaleur et de leur résistance relative aux attaques chimiques »[37].

L'exposition à l'amiante provoque toute une série de maladies dont le cancer du poumon. D'après les estimations de l'Organisation Mondiale pour la Santé (OMS), plus de 107 000 personnes meurent chaque année suite à une exposition professionnelle à l'amiante.

Alors qu'elle est interdite dans toute l'Union européenne, des sociétés continuent de se faire de l'argent sur le dos des pays qui n'ont pas encore légiféré dans ce domaine.

---

[37] Organisation Mondiale de la Santé

Au Sénégal, une usine de production de tôles amiantées, la Sénégalaise de l'Amiante Ciment (SENAC) a été inaugurée le 27 avril 1966 par Léopold Sédar Senghor à Sebikotane qui l'avait classée en entreprise prioritaire.

Dans les années 80, des millions de mètres carrés de plaques amiantées étaient fabriquées dans cette entreprise qui avait le monopole de cette filière, avec des exonérations des droits et taxes de douanes à l'exportation[38].

Cette société existe toujours sur le marché sénégalais ; la production de tôles amiantés n'a été stoppée que très récemment. A proximité du site de production se trouvait le centre d'enfouissement des déchets en cohabitation avec le terrain d'entrainement de l'équipe de football de la localité, l'ASC Darou Salam.

Les autorités de l'usine, conscientes du danger, avaient demandé en 1986 à l'ASC Darou Salam de décaler le terrain d'entrainement jouxtant cet espace d'enfouissement.

Le silence constaté dans ce domaine par les autorités est tout simplement effrayant.

Les deux sociétés nationales que sont la Société Immobilière du Cap Vert (SICAP) et la Société Nationale d'Habitations à Loyers Modérés (SN HLM) ont beaucoup utilisé les tôles amiantées dans les différentes localités du pays.

Beaucoup de maisons et de salles de classes au Sénégal ont été construites avec ces tôles amiantées.

Ce matériau « bon marché » a donc longtemps été utilisé dans ce pays et il est urgent de faire un diagnostic sur sa présence dans nos constructions et de procéder à son retrait, pour éliminer le risque qu'il fait courir aux populations.

---

[38] Source : Économie de l'habitat et de la construction au Sahel Par Serge Theunynck

Un diagnostic « amiante » devrait être imposé avant toute transaction immobilière et toute démolition d'immeubles.

Ce diagnostic permettrait de s'assurer du retrait des matériaux amiantés avant toute démolition de bâtiment suivant des procédés bien définis et assurer son élimination dans des filières spécialisées.

Il faut noter qu'en l'absence d'une réglementation, beaucoup de maisons construites avec un toit en amiante-ciment ont été transformées ou démolies par leur propriétaire, sans que les ouvriers qui travaillaient sur ces chantiers aient été informés des risques encourus et sans que des précautions aient été prises à ce sujet.

À ma connaissance, il n'y a aucune filière d'élimination de déchets amiantés au Sénégal et ces matériaux, s'ils ne sont pas recyclés, se trouvent dans la nature ou les décharges, comme des déchets « classiques ».

Je pense qu'il est temps que l'État du Sénégal se saisisse du dossier, car c'est une question nodale de santé publique.

De la conception bioclimatique des logements

La question de l'énergie est un problème majeur au Sénégal. Le constat est simple : la production d'énergie est insuffisante pour couvrir les besoins des populations.
Il y a un déséquilibre entre l'offre et la demande énergétique et tous les gouvernements se sont heurtés à cette épineuse équation, sans réellement apporter une solution viable et durable.
Des efforts ont certes, été faits par les pouvoirs publics pour augmenter la production d'énergie, mais la frénésie constatée dans le secteur de la construction fait que l'on a toujours un retard important à rattraper pour satisfaire les besoins des ménages.
En plus de cela, on note un accroissement des consommations moyennes pour tous les usages[39], ce qui a pour conséquence de creuser davantage le gap qui existe entre l'offre et la demande d'électricité. Cette situation est le résultat de la construction de bâtiments de plus en plus énergivores.

De la baisse des besoins de consommation énergétique des bâtiments
Entre 2007 et 2012, le nombre d'abonnés de la Société Nationale d'Electricité du Sénégal est passé de 711 578 à 944 801 soit une progression de 37% en cinq ans[40].

---

[39] Rapport d'activités 2012 de la Société Nationale d'Electricité du Sénégal
[40] Idem 39

Les activités domestiques sont celles qui consomment le plus d'énergie. Cette situation qui est le résultat d'un manque d'adéquation entre la façon dont nos immeubles sont construits et les spécificités de notre climat favorise de plus en plus l'installation de systèmes électriques pour la climatisation et l'éclairage dans les logements et les bureaux.

Nous ne pouvons plus continuer à avoir un des coûts de production d'électricité parmi les plus élevés en Afrique subsaharienne et parallèlement, ne pas chercher à obtenir une meilleure efficacité énergétique dans nos bâtiments.

La solution serait de réellement commencer à intégrer les principes de la conception bioclimatique dans la réalisation de nos bâtiments.

La conception bioclimatique, pour un projet de construction, consiste à prendre en compte dans sa conception l'impact de son environnement immédiat afin de garantir un meilleur confort aux futurs occupants.

Il s'agit tout « simplement » pour le Sénégal de se protéger de la chaleur, pour limiter l'utilisation systématique de moyens de rafraîchissement mécanique - ventilateurs, climatiseurs - et en parallèle, de favoriser l'apport en lumière naturelle pour limiter l'utilisation des systèmes d'éclairage électrique.

Il est du devoir de l'État de veiller à ce que la consommation énergétique des bâtiments soit réglementée pour une gestion plus rationnelle de nos ressources.

L'efficacité énergétique est un sujet qui a longtemps fait l'objet d'articles de presse et de séminaires de formation au Sénégal sans que cela n'aboutisse réellement à un vrai projet de loi.

J'ai le souvenir d'avoir participé à des séminaires sur le sujet en 1997 déjà lorsque j'étais étudiant à l'École Polytechnique de Thiès.

Pour la mise en place d'une règlementation thermique

La réponse à apporter est de mettre en place une règlementation thermique visant à obliger les architectes et ingénieurs à concevoir et construire des bâtiments avec une bonne efficacité énergétique.

La tendance qui s'est développée ces dernières années au Sénégal, c'est l'explosion de nouveaux immeubles avec des façades entièrement vitrées, exposées en plein sud dans le seul but de donner un air de « modernité » aux constructions, comme dans les pays occidentaux.

Il faut savoir que si les façades vitrées sont très répandues dans ces pays, c'est principalement parce que l'apport énergétique du soleil est recherché en hiver pour participer au chauffage des bâtiments.

Au Sénégal, avec des températures de 30°C à 40°C, les façades vitrées, exposées au soleil, ne font qu'accroître le calvaire des occupants lié à la chaleur. Ce qui pousse, tout naturellement, à l'installation de systèmes de climatisation électrique et a pour conséquence d'augmenter les besoins de production électrique.

À défaut de pouvoir espérer, très rapidement, un changement de mentalité, il est primordial de légiférer. Il s'agit là d'une question fondamentale. L'idée est de mettre en place une règlementation thermique visant à réduire la consommation énergétique des bâtiments.

Il peut paraître saugrenu, même incroyable de penser à mettre en place une règlementation thermique dans un pays d'Afrique subsaharienne mais c'est devenu une nécessité.

Plus aucun pays au monde ne peut se passer d'une politique de réduction de ses consommations énergétiques sans courir le risque d'exploser sa facture énergétique dans les prochaines années. Et cette nécessité s'applique d'ailleurs davantage aux pays « chauds » à cause du réchauffement climatique.

Les pays du Maghreb, qui ont compris l'enjeu que représentait l'application d'une réglementation thermique sur la facture énergétique, ont mis en place une règlementation visant à isoler les bâtiments.

Le dernier pays en date qui s'est doté d'une réglementation thermique est le Maroc. Le décret a été adopté et publié au bulletin officiel du 6 novembre 2014.

Dans ce pays, des villes comme Marrakech ont des températures qui frôlent les 40°C et dans le but d'augmenter l'efficacité énergétique des batiments tout en continuant d'assurer le confort thermique, il a été nécessaire de légiferer.

La réglementation thermique qui a été adoptée au Maroc a fixé des plafonds sur la consommation énergétique des bâtiments. C'est ainsi, par exemple, qu'un bâtiment résidentiel à Rabat ou Casablanca ne doit pas dépasser une consommation énergétique de 40kwh/m^2/an.

Pour s'assurer du respect de la réglementation, l'administration marocaine exige lors du dépôt d'une demande de permis de construire, que soit annexée une attestation faite par un bureau d'étude technique agrée qui aura vérifié, en fonction de la forme du bâtiment, de son orientation et de ses ouvertures, que les matériaux utilisés garantissent le respect du niveau de consommation énergétique fixé par la loi pour la climatisation, l'éclairage et l'eau chaude sanitaire.

Pour ce faire, l'État marocain a mis à la disposition des constructeurs et bureaux d'études un logiciel de calcul pour faire des simulations sur les caractéristiques des différentes composantes d'un bâtiment (toitures, planchers, fenêtres…).

Il est temps que nous aussi, nous prenions cette question au sérieux. Une règlementation thermique nous permettrait d'améliorer la situation énergétique dans notre pays en diminuant les besoins de consommation de ménages.

De la conception bioclimatique des logements

Jusqu'à présent, on a beaucoup agi sur la production d'énergie mais on a un peu laissé de côté la consommation des ménages et des bureaux.

Le fait d'isoler les bâtiments les rend moins énergivores et permet de baisser les consommations des ménages.

Cela diminue le besoin de climatisation et permet en même temps d'améliorer le confort des logements, y compris ceux qui ne disposent pas de système de climatisation.

Contrairement à certaines idées reçues, l'isolation thermique n'est pas réservée aux pays tempérés.

Dans la pratique, il s'agit d'utiliser des matériaux isolants pour les murs, les dallages, les toitures et les menuiseries (fenêtres en double vitrage et portes isolées). Or au Sénégal, les matériaux les plus utilisés dans la construction des enveloppes de nos immeubles sont en base de ciment et ont un pouvoir isolant très faible.

Ces matériaux à base de ciment ont, certes, l'avantage d'être très économiques et ils possèdent des propriétés mécaniques très intéressantes pour la durabilité du bâtiment, mais ils ont l'inconvénient d'avoir des pouvoirs isolants très faibles.

Il en est de même pour les éléments d'équipement tels que les portes et les fenêtres. Les gens ne se soucient guère des caractéristiques thermiques de ces équipements, lors de l'achat ou de la construction d'un bien immobilier.

Pour aller vers une meilleure efficacité énergétique, il faudra s'orienter vers des produits beaucoup plus isolants que ceux à base de ciment ou alors changer de principes constructifs.

Avant 1974, les bâtiments étaient construits en France, comme au Sénégal, avec des façades en parpaings ou en béton armé, sans isolation. Avec le choc pétrolier de 1973, l'État français a compris la nécessité de pousser les constructeurs à isoler les bâtiments. C'est ainsi que la première réglementation thermique a vu le jour en 1974 en France.

Depuis, d'autres réglementations ont vu le jour, qui ont progressivement renforcé les exigences en matière d'isolation thermique des bâtiments.

La dernière règlementation thermique appelée RT 2012 est applicable depuis 1er janvier 2012. Elle vient baliser le terrain pour la future réglementation thermique prévue en 2020 qui va révolutionner le secteur de la construction.

En effet, cette future règlementation thermique exigera que tout nouveau bâtiment soit à « énergie positive » c'est-à-dire qu'il devra être équipé et conçu de sorte qu'il produise lui-même au moins autant d'énergie qu'il en consomme.

En d'autres termes, il produira sa propre énergie.

Gros pari, me direz-vous ! ça marche pourtant !

Des bâtiments à énergie positive existent déjà et ont commencé à faire leurs preuves en matière de confort de vie et de réduction des charges d'exploitation.

Avec l'apparition des règlementations thermiques de plus en plus contraignantes dans les pays développés, les industriels ont dû s'adapter et proposer de nouveaux produits.

C'est le cas par exemple des sociétés Bouygues construction et Lafarge qui se sont associées pour créer un béton dénommé THERMEDIA®. Ce béton a l'avantage d'être trois fois plus isolant que le béton standard et permet d'assurer une meilleure performance énergétique.

Au Sénégal, il faudrait essayer de développer des matériaux à base de ciment plus isolants, en collaboration avec les acteurs du secteur. L'intégration des produits plus isolants dans la fabrication des ouvrages de ciment comme les coques d'arachides ou autres doit être envisagée.

En parallèle, l'on devrait favoriser l'utilisation de produits plus naturels comme les briques d'argiles qui ont un meilleur pouvoir isolant que les briques en ciment.

Nous avons la chance d'avoir des gisements d'argile à travers tout le pays et il serait intéressant de développer une vraie industrie de briques d'argile cuites. Ce sujet est abordé plus en détails dans le chapitre consacré aux matériaux locaux.

À défaut, il y a les doubles murs[41] intégrant une lame d'air et qui peuvent aussi être des alternatives rapides et simples à mettre en œuvre.

Une autre solution consiste à rapporter des matériaux isolants sur les murs en parpaings de ciment. Parmi ces matériaux, on peut citer les laines minérales, les plaques de polystyrène…

Les pouvoirs isolants de ces matériaux sont connus et se définissent par la résistance thermique. Cette dernière est la valeur qui permet de mesurer la capacité d'une paroi à résister au passage d'un flux thermique.

Pour faire simple, il s'agit de dire que pour telle paroi (murs, sols, plafonds), il faut que la résistance thermique soit de 1 ou 2 ou 3 $m^2.K/W$.

Cette notion d'isolation a été effleurée dans le dernier Code de la construction.

En effet, l'article R36 du Code de la construction indique qu'un arrêté futur devra préciser « les caractéristiques requises en matière de compacité des bâtiments, d'isolation thermique, d'orientation, d'éclairage, de régulation, de ventilation naturelle et de climatisation passive ».

Il s'agit là d'une très bonne idée mais il faut aller au-delà des déclarations d'intention. Pour rappel, cette législation date de 2009 et des années après, on est toujours loin de voir une réglementation thermique allant dans le même sens. Les autorisations de construire continuent d'être délivrées et les

---

[41] Un double mur est un mur composé de deux couches séparées par un vide que l'on appelle aussi « coulisse ». Wikipédia

bâtiments construits sans qu'aucune disposition en matière d'isolation thermique ne soit exigée.

Il est urgent de s'atteler à la mise en place d'une vraie réglementation thermique pour édicter les règles en matière d'efficacité énergétique.

Pour cela, il faudra se faire accompagner par des pays comme le Maroc dont le climat est parfois similaire au nôtre et avec qui nous entretenons d'excellentes relations.

Un programme national de réduction des émissions des gaz à effet de serre à travers l'efficacité énergétique dans le secteur du bâtiment au Sénégal a été lancé en 2013 avec le soutien du Programme des Nations Unies pour le Développement (PNUD) et le Fonds pour l'Environnement Mondial (FEM).

Ce programme a pour principal objectif :

i. de « concevoir un Code de la construction » qui permettra de réduire la consommation énergétique des bâtiments;
ii. d' « utiliser des matériaux et des techniques de construction testés et éprouvés qui permettront, grâce à leur utilisation, de réduire la consommation d'énergie et les gaz à effet de serre et d'améliorer le confort dans les bâtiments »
iii. de « renforcer les capacités locales aussi bien institutionnelles que techniques, pour le cadre institutionnel du secteur du bâtiment ».

Pour que cela devienne une réalité, il faut une sérieuse volonté politique de l'État, accompagnée d'une prise de conscience des autorités de ce pays car, encore une fois, les coupures de courant ne sont pas simplement dues à une insuffisance de production d'électricité mais également à une surconsommation due à l'apparition massive et incontrôlée de nouveaux immeubles, avec une mauvaise maitrise de leur performance énergétique.

Il faudra des années pour arriver à une réglementation bien aboutie et applicable partout dans le pays mais on pourrait d'ores et déjà commencer à prendre des mesures simples comme le fait de définir des seuils sur les résistances thermiques des différentes parties composant l'enveloppe des bâtiments.

Dans cette future réglementation, il faudra veiller à intégrer la notion d'étanchéité à l'air des bâtiments car les fuites d'air sont les vecteurs de ponts thermiques et donc de surconsommation énergétique en cas de climatisation.

Le manque d'étanchéité à l'air conduit à des pertes de fraicheur et accroît le besoin de moyens mécaniques de rafraichissement.

C'est très simple : un local climatisé doit être étanche à l'air et isolé.

Qui dit « étanchéité à l'air » dit étanchéité à l'air des murs, des portes et des fenêtres...

Cela nécessite de mettre en place en parallèle une réglementation visant à assurer le renouvellement automatique de l'air de façon permanente, par un système d'entrées d'air et de bouches d'extraction.

Cela suppose de changer complètement le processus de production de nos bâtiments mais également de réadapter la formation de nos techniciens, ingénieurs, architectes et artisans pour leur permettre d'acquérir les compétences nécessaires à cette nouvelle façon de construire.

Cela paraît ambitieux et complexe mais je suis convaincu qu'il faudra tôt ou tard abandonner le système actuel pour aller vers un système plus durable.

Il est évident qu'un surcoût lié à ce nouveau mode constructif est à prévoir dans le prix de revient de nos bâtiments. Mais le retour sur investissement est vite assuré grâce aux économies faites sur la facture énergétique.

Pour le Maroc, le surcoût de l'application des nouvelles règles d'efficacité énergétique dans le résidentiel représente 3,2% du coût moyen de la construction, avec un retour sur investissement au bout de 6,5 ans[42].

Aujourd'hui, les matériaux d'isolation coûtent excessivement cher car ils sont tous importés depuis les pays occidentaux. Grâce à la généralisation du mode constructif qui résultera de la réglementation thermique, on peut s'attendre à une baisse significative du coût des matériaux d'isolation.

La demande créant l'offre, des initiatives privées verront vite le jour pour produire des matériaux d'isolation locaux.

Le PNUD a, par ailleurs, un projet pour la valorisation du typha[43] et son utilisation comme produit d'isolation thermique. De telles initiatives devraient être encouragées afin de créer une filière locale de produits isolants, nous permettant dans un avenir proche d'être indépendant vis-à-vis de l'importation.

Dans le souci d'encourager les donneurs d'ordre à aller vers des bâtiments à faible consommation d'énergie, des incitations fiscales pourraient être mises en place (réduction de TVA, suppression des impôts fonciers...)

De la mise en place d'un classement énergétique des bâtiments

De plus, nous devrions très rapidement mettre en place un système de classification des bâtiments selon leur niveau de consommation énergétique annuelle comme c'est le cas dans plusieurs pays.

L'idée est ensuite de créer l'obligation d'informer sur le caractère énergivore ou pas d'un bien immobilier avant toute location ou vente.

---

[42] Agence marocaine pour le Développement des Énergies Renouvelables et de l'Éfficacité Energétique (ADEREE),
[43] Le typha est une plante envahissante que l'on trouve le long des cours d'eau et des actions sont menées pour l'utiliser comme isolant.

Le fait d'informer les acquéreurs ou locataires d'un logement sur son niveau de consommation énergétique poussera les constructeurs à aller vers plus d'efficacité énergétique.

La prise en compte des charges liées à la consommation énergétique poussera les ménages à choisir des logements moins énergivores.

Cette classification des bâtiments en fonction de leur consommation énergétique est devenue une réalité dans beaucoup de pays.

En France, cela porte le nom de Diagnostic de Performance énergétique ou DPE.

Les performances vont de la lettre « A » pour la meilleure à la lettre « G » pour la plus mauvaise.

Tout vendeur ou loueur d'un logement est obligé de fournir ce document pour informer l'acquéreur ou le locataire du niveau de consommation énergétique. Cela leur permet de mieux juger de la pertinence de leur décision, en évitant des immeubles dont les niveaux de consommation sont excessifs.

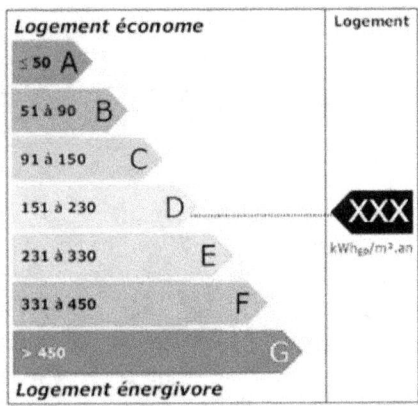

Figure 5: Étiquette de classification des consommations énergétiques des logements en France

Cela pousse désormais les constructeurs dans les pays développés à mettre en place des contrats de performance énergétique et de charges avec leurs clients. Avec ces contrats de performance, ils s'engagent, lors de la construction d'un immeuble, non seulement sur le coût des travaux, mais aussi sur le niveau de consommation énergétique.

Comme pour une voiture, dans le futur, on n'achètera plus un bâtiment uniquement sur la base de son coût de construction mais on prendra également en compte son niveau de consommation énergétique et la performance de ses équipements. Des solutions existent et la nécessité d'aller dans le sens de l'efficacité énergétique est indiscutable.

Il faut que cela devienne un axe prioritaire de développement pour l'État afin que dans les trois ans à venir cela devienne une réalité.

Pour des équipements moins énergivores

Grâce au chapitre précédent, nous savons que l'efficacité énergétique d'un bâtiment passe par une bonne isolation de son enveloppe. Cependant, si l'on veut faire plus d'économies sur la facture des ménages, il convient de ne pas s'arrêter à l'isolation des façades, mais de s'attaquer aussi à certains équipements techniques qui, le plus souvent, sont trop consommateurs d'énergie.

J'ai répertorié trois catégories d'équipements pour lesquels on a besoin d'agir rapidement afin de baisser les consommations d'électricité. Il s'agit :
   i.   des équipements de production d'eau chaude sanitaire,
   ii.   des systèmes de rafraichissement (la climatisation),
   iii.   et des équipements pour l'éclairage.

Cette nécessité de réduire la consommation d'énergie pour l'éclairage et la climatisation semble avoir été intégrée par les pouvoirs publics. En effet, le Code de la construction exige que les bâtiments soient «construits et aménagés de telle sorte que les consommations d'énergie pour la climatisation et l'éclairage puissent être aussi réduites que possible[44] ».

Cette prise de conscience des autorités sur le besoin de légiférer pour les consommations d'énergie pour la climatisation et l'éclairage électrique des constructions ne semble pas encore l'être pour les équipements de production d'eau chaude sanitaire.

---

[44] Article R36 du Code de la Construction

Pourtant, ils constituent des postes très importants de la facture énergétique.

Au-delà de ce besoin de légiférer, il faudrait que les options générales qui sont prises dans la règlementation se traduisent par des actions concrètes. Malheureusement, rien dans le Code de la construction, ne permet aujourd'hui de s'assurer du respect de ces dispositions.

Il s'agit, dans ce qui suit, de proposer une série d'actions concrètes qui permettraient de réduire la consommation d'énergie de ces trois d'équipements techniques majeurs.

De la production d'eau chaude sanitaire solaire
Au Sénégal, la production d'eau chaude sanitaire se fait principalement à l'aide de chauffe-eaux électriques. Ce type de chauffe-eau a l'avantage de ne pas être onéreux à l'achat, mais présente l'inconvénient de coûter excessivement cher à l'usage du moins en termes de consommation d'énergie.

Les chauffe-eaux électriques sont des ballons dans lesquels se trouve une résistance électrique alimentée par une source de tension qui chauffe l'eau.

Comme pour la climatisation, ils ont pour conséquence de rendre nos bâtiments encore plus énergivores.

Les chauffe-eaux électriques devraient être interdits pour cette raison et en lieu et place, l'État devrait plutôt encourager l'installation de chauffe-eaux solaires dans nos immeubles.

Dans le cas des chauffe-eaux solaires, ce sont des capteurs qui, grâce à l'énergie solaire, chauffent un fluide contenu dans un circuit de tuyaux qui passent dans un ballon pour chauffer l'eau qu'il contient.

Le Sénégal est parmi les pays les plus ensoleillés du globe, avec un ensoleillement de plus de 3000 heures par an et une irradiation annuelle variant du Sud-Est au Nord-Ouest, entre 1850 et 2250 kWh/m^2/an[45].

Dans plusieurs pays européens où l'on a un ensoleillement bien moindre, l'utilisation des panneaux solaires pour l'eau chaude sanitaire est devenue la règle, dans la construction des nouveaux bâtiments. Mais pour en arriver là, il a fallu que les pouvoirs publics légifèrent.

Il est utile que l'État du Sénégal aille dans ce sens et pour cela il faudra :

i. interdire tout simplement, dans un délai de six mois, la commercialisation et la pose de chauffe-eaux électriques dans les bâtiments,

ii. donc exiger l'installation de chauffe-eaux « solaires » dans toutes les nouvelles constructions (immeubles d'habitations collectives, maisons individuelles et surtout les bâtiments hôteliers).

iii. imposer dans le Code de la construction, l'intégration d'un local technique dédié à l'installation de ballons d'eau chaude dans les immeubles de logements collectifs, ce qui permettrait de réduire les coûts d'installation et de fonctionnement, grâce à la mutualisation des frais.

La dimension de ce local devra être imposée bien évidemment en fonction du volume d'eau nécessaire, donc en fonction des occupants de l'immeuble.

Ces trois dispositions devront être intégrées dans le Code de la construction.

De plus, il faudra prescrire un délai d'un an à tous les établissements hôteliers pour effectuer des travaux de remplacement des « vieux » chauffe-eaux électriques par des chauffe-eaux solaires.

---

[45] Note technique thématique sur les infrastructures et services énergétiques du Groupe Consultatif pour le Sénégal - 2014

Des opérateurs économiques se sont déjà lancés dans la pose d'installations solaires thermiques et l'État du Sénégal a mis en place un guide recensant les acteurs publics et privés évoluant dans le secteur des énergies renouvelables.

Il serait intéressant de réunir ces différents acteurs autour d'une table, afin de réfléchir à l'élaboration d'un référentiel commun et de promouvoir l'usage des installations solaires.

Du bon usage de l'éclairage électrique

Concernant les systèmes d'éclairage, les lampes à incandescence sont les plus utilisées au Sénégal, alors qu'elles sont loin d'être les plus économes dans la durée.

Les lampes à basse consommation d'énergie permettent de diviser par cinq le coût de consommation d'électricité, par rapport aux lampes à incandescence classiques.

En plus, elles ont l'avantage d'avoir une durée de vie huit fois plus importante que les lampes à incandescence classiques.

L'État sénégalais a bien compris les avantages des lampes à basse consommation et a, de ce fait, pris la décision d'interdire les lampes à incandescence[46]. Le décret devait entrer en application le 1er mars 2011 mais à ce jour, force est de constater que les ampoules à incandescence sont malheureusement toujours en vente. Il est urgent que l'État fasse appliquer cette disposition car il faut savoir que l'éclairage représente près de 23% de la facture d'électricité des ménages[47].

L'installation de 3.5 millions de lampes à basse consommation devrait permettre d'économiser le coût d'une centrale électrique d'environ 70 MW dont la valeur est estimée à 35 milliards FCFA[48].

---

[46] Décret n° 2011-160 du 28 janvier 2011
[47] Rapport de présentation du décret du 28 janvier 2011
[48] Communiqué du ministère de l'Énergie du 8 février 2011

Cela représenterait une baisse de 15% sur la facture d'électricité des ménages. Il s'agit là d'une source d'économie non négligeable, qui nécessite que des dispositions rapides soient prises pour faire appliquer la loi.

L'installation de détecteurs de présence[49] couplés à l'éclairage électrique dans les parties communes des immeubles collectifs permettrait aussi de limiter les consommations, en luttant contre le gaspillage des ampoules qui fonctionnent 24h/24. Cela a aussi l'avantage de supprimer les interrupteurs qui, avec le temps, finissent par s'encrasser dans ces parties communes.

Une disposition imposant la pose de détecteurs de présence dans les parties communes irait dans le sens de la recherche d'une meilleure efficacité énergétique dans nos constructions.

Au niveau des lotissements et des ZAC[50] et plus généralement au niveau des villes, une règle tendant vers un système d'éclairage public plus performant devrait être de rigueur avec :

i. des mâts d'éclairage par leds[51],

ii. des détecteurs crépusculaires qui permettent d'allumer ou éteindre automatiquement l'éclairage en fonction de la lumière naturelle,

iii. des régulateurs permettant de diminuer les puissances lumineuses de moitié à partir de 23h et donc de diminuer les consommations électriques.

---

[49] Les détecteurs de présence permettent de déclencher l'allumage et l'arrêt automatique des ampoules en fonction de la présence ou non d'un individu à proximité. La détection se fait grâce à des rayons infrarouges sensibles à la présence d'individus.

[50] ZAC : Les zones d'aménagement concerté ont pour objet l'aménagement et l'équipement des terrains, notamment en vue de la réalisation d'infrastructures et d'équipements collectifs publics ou privés, de constructions à usage d'habitations, de commerces, d'industries et de services. (Article R 133 du Code de l'urbanisme)

[51] Une diode électroluminescente (LED) est un composant électronique permettant la transformation de l'électricité en lumière.

iv.   l'utilisation du solaire photovoltaïque.

À ce titre, des projets comme « Akon Lighting Africa » sont à encourager à travers tout le pays.

Toutes ces mesures sont simples à mettre en œuvre et pourraient très rapidement améliorer la situation énergétique du pays.

Du bon usage de la lumière naturelle

Il existe d'autres leviers sur lesquels nous pourrions agir pour limiter les charges liées à l'utilisation systématique de l'éclairage électrique dans nos logements. Nous pouvons, par exemple, chercher à favoriser l'éclairage naturel dès la conception des bâtiments car il est bien connu de tous que l'énergie la moins chère est celle que l'on ne consomme pas.

On devra, pour ce faire, créer l'obligation de respecter des ouvertures minimales dans les pièces des logements et s'assurer, dès la délivrance du permis de construire, que les bâtiments soient suffisamment éclairés par la lumière naturelle.

La règle pourrait tout simplement se traduire à travers la notion d'indice d'ouverture (io). L'indice d'ouverture d'une pièce définit le rapport entre les surfaces d'ouverture de la pièce et la surface habitable.

Si S est la surface de la pièce et F la surface des ouvertures de la pièce, l'indice d'ouverture (io) se calcule grâce à cette formule :

$$io = \frac{F}{S}$$

L'on considère généralement que, pour une pièce principale[52], l'éclairage naturel est satisfaisant lorsque cet indice d'ouverture est

---

[52] Les pièces principales d'un logement sont : le séjour-salon et les chambres

compris entre 15% et 20% et de 10% à 15% pour une pièce de service[53].

Il s'agit d'imposer par exemple que les fenêtres des pièces principales soient conçues de façon à avoir un indice d'ouverture de 15% au minimum et qu'une partie des logements (25% ou 30%) composant un immeuble collectif soit conçue de façon à ce que les pièces de services (salles de bains, WC ou cuisines) aient un indice d'ouverture d'au moins 10%.

L'absence de fenêtres étant généralement tolérée dans les pièces de service, l'utilisation de l'éclairage électrique est donc nécessaire à tout moment.

Créer des ouvertures dans un maximum de pièces de service dans les logements permettrait de réduire l'utilisation systématique de l'éclairage électrique et donc de réduire la facture énergétique. Cela demandera beaucoup plus d'ingéniosité de la part de nos architectes pour intégrer cette nouvelle contrainte, mais c'est possible.

Une disposition allant dans ce sens existe dans le Code de l'urbanisme. L'article R270 impose en effet, des dimensions minimales d'ouverture à respecter pour certaines pièces.

Il n'est toutefois pas respecté dans la plupart des appartements proposés à la vente par les promoteurs immobiliers, ce qui n'empêche pas l'administration de délivrer les permis de construire. Il faudra veiller à ce que cette disposition soit respectée lors de la délivrance des permis de construire.

Il en est de même pour les parties communes où la recherche de lumière naturelle devrait être favorisée pour les escaliers et les coursives d'étage, par exemple. Cela permettrait de faire des économies sur les charges d'éclairage de façon non négligeable.

---

[53] Les pièces de service d'un logement sont : la cuisine, la salle de bains, les WC, la buanderie...

Il faudra bien évidemment coupler cette exigence avec le besoin de protections solaires, pour limiter les effets négatifs des rayons de soleil dans le confort thermique.

Du bon usage de la climatisation

En dehors de la production d'eau chaude sanitaire et des systèmes d'éclairage, l'on devrait également agir sur l'utilisation de la climatisation dans les bâtiments.

La climatisation dans nos immeubles se fait particulièrement par l'utilisation de climatiseur de type « split-system ». Si l'on veut réduire la facture liée à la climatisation, il faudrait aller vers des équipements plus performants ou des systèmes alternatifs.

La performance d'un système de climatisation se détermine par son coefficient de performance frigorifique saisonnier : le SEER[54], coefficient dont dépend l'efficacité du système. Plus ce coefficient est élevé, plus la climatisation sera efficace et son rendement élevé. La détermination de ce coefficient se fait par des laboratoires agréés et indépendants.

L'Union européenne oblige les fabricants de climatiseurs à procéder à l'étiquetage « énergie » de leurs appareils, permettant ainsi d'informer leur clientèle sur leur niveau de performance et donc de consommation électrique. Ces étiquettes indiquent le coefficient de performance des équipements de climatisation qui peut aller de A+++ pour les meilleurs, à D pour les plus mauvais. Les appareils très énergivores ont été progressivement interdits sur le marché européen et des programmes visant à inciter les populations à remplacer les vieux climatiseurs en état de fonctionnement ont été lancés.

Dans les DOM-TOM où la climatisation est plus répandue, l'État français subventionne jusqu'à hauteur de 350 € les particuliers qui souhaitent remplacer leur climatisation classique par celle d'une

---

[54] Seasonal Energy Efficiency Ratio.

classe énergétique A+. Le surcoût de consommation lié à l'utilisation d'un vieux climatiseur de classe G par rapport à un système de classe A+ est de 45%[55].

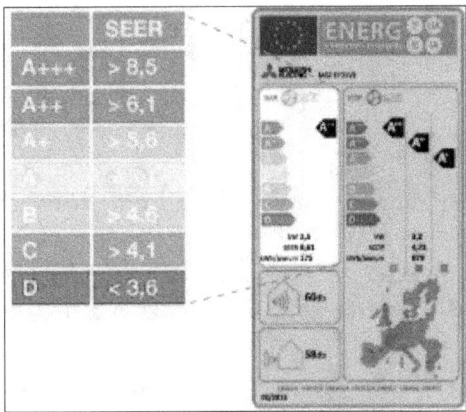

Figure 6: Étiquette Énergie d'un système de climatisation

Il convient donc de mieux informer les ménages sur l'intérêt de choisir un climatiseur avec un bon classement énergétique.
Au Sénégal, il s'agit de s'inspirer de cette démarche, en interdisant tous les systèmes de climatisation qui n'auraient pas d'étiquettes « énergie » et en retirant progressivement du marché les systèmes trop énergivores. Il y a là un gisement d'économie d'énergie non négligeable.
L'interdiction des climatiseurs électriques devrait, à terme, être une solution à envisager mais avant d'y arriver, il est possible d'assurer le confort d'été de nos constructions, par le biais de la conception bioclimatique.
La climatisation refroidit l'intérieur mais rejette la chaleur à l'extérieur, donc plus on climatise les logements, plus la chaleur

---

[55] EDF Électricité De France : Consommation entre une climatisation de 9000 btu/h de classe G et celle de classe A+

extérieure monte et plus le besoin de climatisation augmente. Les « split-système » dégradent le confort dans la rue en émettant de la chaleur. Des études ont montré l'impact de l'utilisation de la climatisation électrique sur la température extérieure[56]. C'est un cercle vicieux qu'il faudrait essayer de casser au plus vite.

D'autres systèmes de rafraîchissement existent et pourraient être des alternatives à la climatisation électrique.

Parmi ces systèmes, on peut classer le puits provençal. Il s'agit d'un système qui utilise la géothermie pour rafraîchir ou réchauffer les immeubles, ce, par la simple utilisation d'un tuyau enterré dans le sol, couplé à un ventilateur.

En période de chaleur, lorsqu'on a une température extérieure de 30°C, la température du sol est de 15°C à 2 mètres de profondeur.

L'idée est donc de récupérer une partie de cette fraicheur du sous-sol pour rafraichir les bâtiments.

Pour cela, on enterre à 2 mètres de profondeur, un tuyau de 25 à 30 mètres de long. Ce tuyau aspire l'air extérieur par le biais d'un extracteur et l'insuffle dans les différentes pièces du bâtiment.

L'air aspiré de l'extérieur en contact avec ce tuyau à 2 mètres de profondeur donc avec une température à 15°C, se rafraichit.

Au final, c'est de l'air plus frais à une température de 24°C qui sera insufflé dans les pièces du bâtiment et ceci à un coût très faible.

J'ai eu, dans ma vie professionnelle, à superviser la construction d'un immeuble de bureaux à Cran-Gevrier en Haute-Savoie dont le système de rafraichissement et de chauffage était basé sur ce principe et cela s'est révélé très efficace et intéressant pour les usagers.

---

[56] Cécile de Munck – Thèse de Doctorat - Université de Toulouse - 2013

J'invite donc instamment les pouvoirs publics à envisager ce système alternatif de climatisation pour tous les bâtiments administratifs.

Les systèmes permettant de réduire les consommations énergétiques sont divers et variés (mini-éoliennes, panneaux photovoltaïques…).

J'ai fait le choix volontaire, j'allais dire arbitraire, de me limiter à des solutions simples, qui ne nécessitent pas une grande technicité et dont les coûts sont facilement supportables, pour une économie comme la nôtre. Avant même de penser à de gigantesques centrales solaires photovoltaïques, essayons dès à présent de favoriser la mise en place d'équipements moins énergivores ou de systèmes simples et cohérents sur chaque nouvelle construction.

Pour cela, il faudrait que l'on facilite la création d'une vraie filière « énergie du bâtiment » grâce :

i. à la mise en place d'une règlementation sur l'efficacité énergétique,
ii. au développement d'une vraie expertise sur les métiers liés aux énergies vertes et à la conception bioclimatique,
iii. à la mise en place d'unités de production, d'entretien et de recyclage des équipements techniques.

Les solutions sont nombreuses et les voies pour aller vers plus d'efficacité énergétique sont ouvertes et nous laissent des possibilités de croissance dans tous les domaines.

Il suffit vraiment de s'y mettre, mais surtout de légiférer et se donner les moyens de faire appliquer les règles. Cela nécessite aussi et surtout la création de partenariats avec les industriels du secteur de l'énergie, afin de faciliter leur implantation dans notre pays dans le but de :

i. Favoriser la réduction des coûts d'acquisition des équipements.

ii. Créer une filière de formation sous-régionale sur la pose des panneaux solaires thermiques.
iii. Développer l'installation d'unités de fabrication et de montage de chauffe-eaux solaires et de panneaux solaires thermiques.

Nos pouvoirs publics se doivent de prendre conscience des enjeux d'une bonne efficacité énergétique dans tous les domaines de l'économie car comme le dit M. Nicolas Hulot : « si on considère que l'efficacité énergétique est le premier facteur de compétitivité des entreprises, si on veut leur donner un peu d'air dans une économie malmenée, il ne faudra pas y aller avec le dos de la cuillère. Idem si on considère que la précarité énergétique est le nouveau fléau (…) et qu'il faut donner un peu d'air aux ménages puisque le budget énergétique est souvent passé devant le budget alimentaire ».[57]

---

[57] Extrait d'un article de Coralie Schaub – Libération.fr - 9 septembre 2014

De la bonne gestion des ressources en eau

Au Sénégal, les ménages sont très souvent confrontés à des pénuries d'eau potable, dues à des coupures très fréquentes dans le réseau d'alimentation en eau.
Cette situation, très regrettable, va jusqu'à créer de vrais risques pour la stabilité sociale du pays.
Il est urgent de résoudre ce problème qui constitue un grand frein pour tout effort de développement, en exposant les populations à de graves problèmes d'hygiène et de santé publique.
On voit, ici aussi, les conséquences du manque d'anticipation des pouvoirs publics sur l'évolution démographique, avec la présence d'un réseau d'adduction d'eau inadapté aux besoins du pays.
En plus de cela, dans les immeubles, nous sommes le plus souvent en présence d'équipements de plomberie qui ne favorisent pas la baisse des consommations en eau des ménages. Pourtant, l'industrie du bâtiment s'est adaptée au fil du temps aux exigences liées à la gestion durable des ressources et des solutions permettant de réduire les consommations en eau ont été développées. La mise en place de ces solutions tarde malheureusement à se faire au Sénégal.
Nous devons encourager tout système visant à préserver cette ressource indispensable à la vie, comme nous le rappelle la Charte européenne de l'eau du 6 mai 1968 : « l'eau fait partie du patrimoine commun de l'humanité, c'est un bien précieux et fragile, indispensable à la vie et à toutes les activités humaines. Chacun a le devoir de l'économiser et d'en user avec soin ».

En France, l'intégration de ces solutions dans les opérations immobilières s'est traduite par une baisse des consommations d'eau des ménages, après une longue période de progression.

En effet, après une période de croissance de 1 % par an enregistrée entre 2001 et 2004, la consommation d'eau potable des ménages a connu une baisse de plus de 2 % par an entre 2004 et 2008. La consommation en eau est descendue à 151 litres par habitant et par jour en 2008, contre 165 litres en 2004[58].

Il est urgent, au Sénégal, de mettre en place un plan d'actions visant à intégrer les solutions techniques développées par l'industrie du bâtiment dans le but de réduire les consommations en eau.

De la réduction de la pression de l'eau dans les bâtiments

Parmi les solutions, la plus simple et sûrement la plus logique réside dans la réduction de la pression de l'eau dans les installations sanitaires des logements.

Comme vous le savez sans doute, plus la pression de l'eau est grande, plus les consommations en eau sont importantes.

Nous avons donc tout intérêt à chercher à limiter les niveaux de pression dans les installations sanitaires. C'est une solution simple et très efficace qui permet de faire des économies non négligeables dans le budget des ménages.

À titre d'exemple, avec une pression de 6 bars sur un robinet, on arrive à une consommation en eau de 24,5 litres /minute.

Par contre, en faisant baisser la pression à 3 bars, on arrive à ramener cette consommation à 17 litres /minute.

Il est donc souhaitable de chercher à encadrer cette pression dans les installations sanitaires de nos immeubles, en installant par exemple des réducteurs de pression en amont des réseaux d'alimentation en eau des logements.

---

[58] Ministère du Développement Durable – République française.

En plus de permettre la baisse des consommations en eau, ces réducteurs de pression ont l'avantage de protéger les canalisations contre les coups de bélier.
Une limitation de la pression d'eau à 3 bars devrait être inscrite dans le Code de la construction.

Des cuvettes de WC plus économes
En parallèle, il conviendrait de favoriser l'installation d'appareils sanitaires beaucoup plus économes en eau et retirer progressivement les appareils trop consommateurs d'eau que nous connaissons.
Parmi les équipements sanitaires très consommateurs d'eau, il y a d'abord les cuvettes de toilettes.
Il en existe avec des réservoirs d'eau de 3, 6 et 9 litres et nous réduirons de façon conséquente la consommation en eau de ces équipements en utilisant de petits réservoirs.
À titre d'exemple, sur une année, le volume d'eau consommé pour une famille de 4 personnes est de[59] :
　i.　79 m^3/an pour un WC équipé d'un réservoir de 9 litres
　ii.　53 m^3/an pour un WC équipé d'un réservoir de 6 litres
　iii.　35 m^3/an pour un WC équipé d'un réservoir 3/6 litres.

Au Sénégal, avec un prix du m3 d'eau autour de 630 FCFA[60] pour une tranche pleine, en passant d'un réservoir de 9 litres à un réservoir de 3/6 litres[61], nous pouvons faire une économie annuelle sur les dépenses liées à la consommation en eau de presque 28 000 FCFA.

---

[59] ADEME : Agence De L'Environnement et de La Maitrise de L'Energie - République française
[60] 1 EUR = 655,957 F CFA
[61] Les réservoirs 3/6 litres disposent d'un mécanisme de double commande qui permet de vider soit la totalité du réservoir, soit uniquement la moitié. On économise 50% du volume toutes les fois où l'on n'a pas besoin de vider tout le réservoir.

Quand on rapporte tout cela à l'échelle du pays, l'on voit à quel point, le seul fait de prévoir dans nos bâtiments l'installation de WC dotés de réservoirs de 3/6 litres permettrait aux familles sénégalaises de faire de réelles économies.

Ces statistiques sont basées sur une famille de 4 personnes, ce qui est loin d'être la réalité au Sénégal. Les statistiques connues à ce jour fixent la taille moyenne des familles sénégalaises à 8 personnes[62], ce qui théoriquement porterait cette économie à 56000 FCFA par ménage ;

Il y a là un levier intéressant qui agirait positivement sur le pouvoir d'achat des Sénégalais.

Des points de puisage d'eau plus économes

Il y a aussi les points de puisage d'eau, c'est-à-dire les robinets qui sont installés dans nos immeubles et qui ne sont pas toujours économes. C'est l'exemple du robinet d'arrosage qui, malheureusement, est très répandu dans les ménages sénégalais et qui, sans aucun doute, est l'appareil qui pousse le plus à la consommation.

Il conviendrait de favoriser l'installation des nouvelles générations de robinets mitigeurs disposant d'une butée à mi-chemin.

La butée ½ débit limite la consommation en eau pour les usages courants et permet de faire des économies de 25% sur la consommation globale.

A défaut, nous devrions favoriser l'installation de mousseurs sur les robinets. Ils permettent de diviser par 2 les consommations en eau sans altérer le confort. Certains robinets en sont équipés d'office et il serait opportun d'interdire ceux qui ne sont pas équipés de mousseurs de série.

---

[62] Agence Nationale de la Statistique et de la Démographie du Sénégal – Recensement de la Population - 2013

Il y a, là aussi, des économies non négligeables.

Des mosquées plus économes en eau
Nous sommes dans un pays très majoritairement composé de personnes de confession musulmane et cela suppose le respect des préceptes de l'Islam parmi lesquels, il y a le respect des cinq prières quotidiennes.
L'eau utilisée pour les ablutions occupe une part non négligeable dans la quantité d'eau consommée dans les pays musulmans.
Des mesures sont en train d'être prises dans bon nombre de pays pour limiter la consommation d'eau utilisée pour ce besoin.
Une étude faite par des étudiants de l'École d'Ingénieurs de Sceaux pour la construction de la mosquée de Massy montre que la quantité d'eau utilisée pour le besoin des ablutions pouvait aller jusqu'à 6 litres.
Cette quantité d'eau, ramenée à l'échelle de l'ensemble des mosquées dans un pays composé par une majorité écrasante de personnes de confession musulmane, à raison de cinq prières par jour, est très importante.
Il est souhaitable de chercher à faire des économies car, comme le précise le Président de l'Association du Conseil des Musulmans de Massy, le Prophète Mohamed (PSL) faisait « ses ablutions avec un verre d'eau ».
En rapport avec les ingénieurs, des solutions ont donc été élaborées pour rendre cette future mosquée plus « écologique ».
C'est ainsi qu'un litre d'eau sera utilisé par prière, contre six litres dans une mosquée classique et cela, grâce à des « réducteurs de débit en amont, des robinets à capteurs optiques et un double plancher incliné pour que l'eau puisse s'écouler au centre »[63].

---

[63] Le Monde des Religions - Matthieu Stricot – 05/11/2014

La fin des travaux est prévue en septembre 2016 mais la mosquée s'ouvre déjà pour les prières du vendredi.

À Abu Dhabi, un groupe d'étudiants a été primé dans un concours portant sur l'écologie. Leur projet dénommé « Green Team Ablution » consistait à intégrer un système de recyclage des eaux issues des ablutions, pour les réutiliser pour des besoins d'arrosage.

C'est ainsi qu'en 2014 la mosquée « verte » de Port Saeed à Dubaï a vu le jour avec ce système de recyclage des eaux.

Il serait intéressant au Sénégal d'intégrer cette démarche dans la construction des mosquées et de commencer à revoir le système d'alimentation en eau des moquées existantes afin de faire des économies.

Pour les immeubles de bureaux, il faudrait obliger les chefs d'entreprise à revoir les installations sanitaires de leurs locaux, afin de réduire les consommations en eau de façon générale et spécifiquement celles liées au besoin des ablutions.

Par ailleurs, dans le chapitre concernant les inondations, nous avons parlé de la récupération des eaux pluviales. Les eaux provenant des ablutions pourraient, elles aussi, être récupérées, traitées et réemployées pour l'arrosage d'aménagements paysagers de proximité.

Il faudrait commencer à inventer le cadre règlementaire qui créerait les conditions permettant d'aller tout naturellement vers des solutions plus économes en eau pour le bonheur des familles et de la planète.

Pour des matériaux de construction locaux de qualité et durables

Le secteur du bâtiment qui est, sans aucun doute, l'un des secteurs les plus dynamiques au Sénégal, souffre malheureusement de l'absence d'une vraie industrie de fabrication de matériaux de construction.

La plupart des matériaux qui rentrent dans la construction sont importés et coûtent, de ce fait, excessivement cher.

Il est urgent de commencer à développer une vraie industrie de fabrication de matériaux de construction, dans le but de réduire les coûts de construction de nos immeubles.

En dehors des produits isolants dont nous avons parlé dans le chapitre sur la conception bioclimatique, il y a deux produits qui, s'ils étaient développées, pourraient dans un délai très court, avoir un impact très positif sur le secteur de la construction et partant sur notre économie.

Il s'agit des matériaux en terre cuite et des carrelages à base de ciment. La fabrication de ces deux matériaux ne requiert pas une grande technicité et ils ont l'avantage de pouvoir être fabriqués à travers de petites coopératives artisanales ou de petites unités industrielles et donc de créer des milliers d'emplois.

De la terre cuite dans nos bâtiments

Les matériaux en terre cuite ont un pouvoir isolant très important et une très forte inertie thermique, ce qui garantit aux bâtiments une bonne protection vis-à-vis des échanges et variations de température.

L'inertie thermique d'un matériau, à ne pas confondre avec son pouvoir isolant, se définit par sa capacité à stocker de la chaleur et à la restituer petit à petit.

L'inertie thermique des produits en terre cuite permet d'assurer un confort thermique meilleur que celui des produits à base de ciment, d'où leur développement en Europe avec des produits comme le « Monomur »[64].

La plupart des constructeurs dans les pays développés proposent des variantes en brique de terre cuite pour la commercialisation des maisons individuelles et compte tenu des avantages offerts par ce produit, un bon nombre d'acquéreurs optent pour ce type de construction.

Dans les pays tempérés, la terre cuite permet d'assurer un bon confort thermique d'été, tout en garantissant l'isolation thermique des constructions, nécessaire en hiver.

Au Sénégal, l'utilisation de la terre cuite dans l'enveloppe des bâtiments permettrait de lutter contre le réchauffement des espaces de vie de nos bâtiments et donc de réduire le besoin de climatisation.

Le développement des produits en terre cuite va dans le sens de la recherche d'efficacité énergétique dans nos bâtiments, car la terre cuite est un matériau bon marché et écologique.

Il existait 9 tuileries-briqueteries au Sénégal au début des indépendances, mais face à la concurrence des matériaux en ciment, il ne reste plus que :

i. la briqueterie de Pout vendue à la SOCOCIM INDUSTRIES, qui l'exploite depuis sous le nom de CERASEN avec une capacité de production de 12 000 tonnes par année et la tuilerie artisanale de Sebikotane[65].

---

[64] Le Monomur est une brique avec une structure alvéolaire.
[65] Rapport sur les créneaux porteurs du secteur secondaire de la Direction de l'Appui au Secteur Privé du Ministère de l'Economie et des finances. Réalisé par ABC Consulting – Aly Sow /CAC - Ousseynou Lagnane - 2012

ii. et, très récemment, la SOFAMAC qui a démarré son activité en mars 2015, dans la fabrication de matériaux en terre cuite.

Le sous-sol sénégalais renferme pourtant « un potentiel d'argile important qui ne demande qu'à être exploité ».

Nous disposons de plusieurs gisements d'argile de bonne qualité dans la presque totalité des régions du Sénégal (Région de Thiès, Dakar, Saint-Louis, Kaolack, Ziguinchor).

D'autres éléments entrant dans la construction d'un bâtiment peuvent être fabriqués à partir de la terre cuite d'argile.

Il s'agit, par exemple, des planchers des immeubles. L'intégration des hourdis en terre cuite dans les dalles des constructions, surtout celles en toitures-terrasses, permet de lutter très efficacement contre les risques de surchauffe des espaces de vie, en augmentant l'inertie et l'isolation thermique.

Leur utilisation comme élément de pavage pour les cheminements et les trottoirs est aussi possible.

Les pavés en terre cuite s'intègrent harmonieusement dans le paysage urbain. Il faut, bien évidemment, les combiner avec un système d'assainissement bien pensé.

Leur utilisation comme parement de façade est aussi possible et cela assure au bâtiment une très forte résistance au vieillissement, à la pluie et à la pollution, tout en améliorant l'efficacité énergétique.

Pour toutes ces bonnes raisons, il serait très intéressant de mettre en place une stratégie pour promouvoir l'utilisation de ce matériau. Il en est de même pour les produits de carrelage à base de ciment.

Des carreaux de ciment pour compenser

Au Sénégal, les carreaux les plus utilisés sont ceux à base de grès. Ils sont importés de Chine, d'Italie, du Brésil… où ils sont fabriqués dans des unités de production industrielle qui nécessitent de gros investissements.

Au final, les consommateurs sénégalais se retrouvent à supporter les coûts de transport et les taxes douanières, rendant le prix d'achat plus élevé alors pourtant, que les carreaux à base ciment sont une variante possible à ces carreaux en grès.

Les carreaux en ciment sont des carreaux dont les principales composantes sont le ciment, le sable et des colorants.

Des pays comme le Maroc et la Turquie se sont imposés sur la fabrication de ces carreaux en ciment, qu'ils exportent à travers le monde entier.

L'avantage de ce type de produit est que la fabrication est simple et accessible, sans de gros investissements. Elle se fait de façon traditionnelle et entièrement locale, à travers des briqueteries.

Les carreaux en ciment sont nés en Europe et de grands monuments ont été construits avec ce matériau à travers le monde (Les Palais de Saint Pétersburg, le Barcelone de Gaudi).

Nous avons la chance d'avoir plusieurs cimenteries au Sénégal et la concurrence qui existe dans ce domaine fait que le ciment est relativement bon marché. Il suffirait donc de s'appuyer sur cette filière déjà mature, pour développer des unités de fabrication artisanale de carreaux en ciment de qualité.

Les carreaux en ciment se déclinent sous plusieurs couleurs, avec des motifs variés.

En 2003, lorsque je travaillais comme chef de projets pour l'Agence d'Exécution des Travaux d'Intérêt Public (AGETIP) au Sénégal, j'ai été amené à utiliser des carreaux en ciment, dans un des projets qui m'était confié.

En effet, j'ai été en charge de la reconstruction du Théâtre de verdure et de la réhabilitation de la Mairie sur l'Île de Gorée. Comme ces deux bâtiments étaient inscrits au Patrimoine Mondial de l'Unesco, nous étions contraints d'utiliser les mêmes matériaux et les mêmes procédés de construction que ceux des bâtiments d'origine.

Puisqu'ils avaient été construits avec des carreaux de ciment, il fallait trouver des fabricants qui développent ce matériau, pour respecter le cahier des charges de la Direction du Patrimoine Historique.

Grâce à ce projet, je me suis rendu compte qu'il existait bel et bien au Sénégal, des entreprises qui s'étaient lancées dans la fabrication de carreaux en ciment mais que, visiblement, elles peinaient à trouver une vraie demande locale, du fait de l'importation massive des carreaux en céramique.

Pourtant, le ciment reste un matériau avec un certain charme, qui revient à la mode, un peu partout dans le monde. La preuve en est que les fabricants industriels de carreaux céramiques s'emploient de plus en plus à fabriquer des carreaux en grès cérames qui imitent les carreaux en ciment.

Le ciment reste d'ailleurs très prisé des décorateurs d'intérieur. Ces carreaux en ciment peuvent, en outre, largement prétendre aux mêmes labels de qualité que les carreaux en céramique (la norme UPEC par exemple qui, sur la base de plusieurs essais en laboratoire, définit la résistance d'un sol à l'Usure, au Poinçonnement, à l'Eau et aux agressions Chimiques).

Il faudrait donc que l'État définisse très rapidement une stratégie de développement pour ces 2 matériaux. Elle pourrait se résumer en 5 points :

    i. créer une norme pour encadrer la qualité des carrelages en ciment et des produits en terre cuite qui seront fabriqués au Sénégal

    ii. imposer leur utilisation sur toutes les constructions publiques.

    iii. imposer leur utilisation dans les futures opérations d'aménagement d'ensembles comme les pôles urbains de

Diamniadio et du Lac Rose, en l'intégrant dans les cahiers de charges des assiettes foncières.
iv. faciliter l'implantation d'unités traditionnelles de fabrication de carreaux de ciment et de matériaux en terre cuite, à travers un fonds d'investissement.
v. Taxer davantage les carrelages en grès cérame importés et prévoir des incitations fiscales pour promouvoir l'utilisation des produits en terre cuite et les carreaux en ciment.

Des milliers d'emplois pourraient très rapidement être créés avec ces mesures.

Des matériaux et équipements « made in Sénégal »

En parallèle, il faudrait mettre en place un grand fonds d'investissement public pour financer les personnes qui souhaiteraient se lancer dans la fabrication de matériaux de construction (peinture, plomberie, sanitaires, électricité, menuiserie…).

On ne peut pas continuer à dépendre aussi fortement de l'étranger, pour des produits aussi courants que les matériaux de construction.

Ce qui est encore plus grave, c'est qu'aucun seuil de qualité n'est exigé des importateurs sur les produits achetés à l'étranger.

De ce fait, on trouve, souvent sur le marché, des produits « bas de gamme » dont la qualité laisse à désirer mais dont le prix reste très élevé. Le cas le plus flagrant reste celui des équipements électriques contrefaits, qui créent des incendies dans les immeubles d'habitation (voir le chapitre sur la sécurité incendie).

En attendant le développement d'une vraie industrie des matériaux de construction et la certification de tous les matériaux de construction, il faudra exiger que les produits importés détiennent au moins la certification de qualité du pays d'origine.

Tout cela pour s'assurer que l'on n'importe pas de produits de mauvaise qualité, favorisant la production de logements médiocres.

L'établissement de la liste des produits utilisés dans le bâtiment est facile à faire. Il en est de même pour les certificats de qualité utilisés par pays, sur chaque type de produits.

L'idée est de ne permettre l'importation de matériaux de construction que pour des produits ayant des certificats et labels de qualité dans leur pays de fabrication.

Par ailleurs, il faudra moderniser le système de commercialisation et de distribution des matériaux de construction et favoriser la mise en place de surfaces spécialisées dans les matériaux de construction.

La logistique est aussi à revoir, l'idéal étant d'arriver à un système de stockage par palettes pour faciliter le transport avec des transpalettes et les engins de levage.

Cela permet de gagner en efficacité, car le transport se retrouve facilité par l'utilisation des engins de levage.

Toutes ces mesures participent à la modernisation du secteur du bâtiment qui, sans aucun doute, en a vraiment besoin.

Pour des immeubles confortables

Au Sénégal, on a assisté, au fil des deux dernières décennies, à l'explosion de petits immeubles de logements collectifs sur plusieurs niveaux.
Cette évolution, due en partie à la rareté du foncier, n'a pas été suivie par la mise en place de nouveaux dispositifs redéfinissant les règles pour garantir une certaine qualité dans ces bâtiments.
En effet, la vie en immeuble collectif nécessite de prendre en compte un certain nombre d'exigences, dont la plus importante et la plus préoccupante, selon moi, reste la lutte contre le bruit.
La qualité d'une construction ne se mesure pas simplement à la bonne tenue de sa structure.
Le confort d'usage offert aux occupants est aussi très important dans la mesure de la qualité globale d'un immeuble.

De l'isolation acoustique des logements
Les logements, tels qu'ils sont conçus et construits actuellement au Sénégal, ne luttent pas efficacement contre les nuisances sonores. L'absence d'une réglementation acoustique garantissant la construction de logements bien isolés contre le bruit me rend très peu enclin à acheter un bien dans un immeuble collectif au Sénégal.
Il y a urgence à créer une vraie réglementation acoustique, visant à réduire l'impact des nuisances sonores dans les immeubles.
Le Code de la construction institué en 2009 prévoyait la publication d'un arrêté pour définir les règles en matière

d'isolation acoustique des logements[66]. Cet arrêté, qui n'est toujours pas publié depuis sept ans, devrait venir imposer aux constructeurs et promoteurs de prendre en compte l'impact des nuisances sonores dans la construction des immeubles d'habitation.

Des réglementations acoustiques existent dans plusieurs pays développés et nous n'avons donc rien à réinventer dans ce domaine.

Dans la pratique, il s'agit d'imposer un isolement acoustique minimum pour chaque paroi des logements.

L'isolement acoustique d'une paroi se détermine par ce que l'on appelle l'indice d'affaiblissement acoustique.

En France par exemple, l'indice d'affaiblissement acoustique de la paroi entre deux logements est imposé par la réglementation à 50 décibels[67] quand le local de réception est une pièce de service (cuisine, salles d'eau, WC) et 53 décibels quand il s'agit d'une pièce principale (chambres et séjours).

Cela se traduit par l'obligation pour le constructeur ou le promoteur immobilier, de prévoir un mur en béton de 20 cm minimum pour une paroi de séparation entre deux logements.

Les murs en parpaings de ciment, même de 20 cm ne permettent pas d'atteindre ce niveau d'isolation acoustique.

Au Sénégal, nous construisons nos immeubles généralement avec des parpaings creux en ciment de 15 cm, d'où la mauvaise isolation de nos logements contre les bruits.

En France, il est impossible pour un constructeur ou un promoteur immobilier de déroger à la réglementation acoustique. Le non-respect des dispositions en matière d'isolation est considéré comme une non-conformité.

---

[66] Article R6 du Code de la construction
[67] Le décibel est l'unité de mesure d'une intensité sonore

Pour des immeubles confortables

Des appareils permettent de mesurer « in situ » l'isolement acoustique des parois. Les copropriétaires peuvent, un an après la réception des travaux, assigner le constructeur en justice pour défaut d'isolation acoustique.

La réalisation de tests acoustiques par un bureau de contrôle prouvant le respect des dispositions vis-à-vis de l'isolation acoustique est même devenue obligatoire dans plusieurs pays développés.

Au Sénégal, le fait qu'il n'y ait aucune obligation dans ce domaine fait que la plupart des murs séparatifs entre les logements sont construits avec des parpaings creux de ciment de 15cm. Ces murs en parpaings de ciment ont un faible pouvoir isolant et ne permettent pas de garantir le confort acoustique requis pour un logement collectif. Il y a donc lieu d'interdire leur utilisation comme paroi de séparation entre les logements, à moins de prévoir un isolant acoustique rapporté.

Des valeurs d'indice d'affaiblissement doivent être définies pour chaque catégorie de paroi dans les immeubles collectifs pour améliorer le confort acoustique.

Il faudrait par exemple imposer une certaine valeur d'isolement acoustique pour les dalles séparant deux logements.

Dans la pratique, cela se traduit pour les constructeurs par le fait de prévoir systématiquement une dalle pleine de 20 cm de béton et d'adjoindre une sous-couche phonique entre la chape prévue pour le carrelage et la dalle.

Cette couche qui n'est rien d'autre qu'un film que l'on pose sur la dalle avant de faire le carrelage permet de réduire les bruits de chocs provenant par exemple des chaussures à talons, des déplacements de mobiliers...

Les dalles hourdis sont tout simplement interdites dans les immeubles collectifs dans plusieurs pays car elles ne permettent pas de respecter le confort acoustique exigé.

Les portes et fenêtres utilisées dans nos immeubles doivent être également revues pour garantir une certaine isolation acoustique. Dans les pays développés, il est impossible, de proposer dans le cadre de vente de logements, des portes ou des fenêtres sans se soucier de leur caractère isolant.

Tous ces équipements sont certifiés suivant leurs caractéristiques par des organismes indépendants.

Il y a lieu de s'inspirer de ce modèle qui fonctionne. Les pouvoirs publics devraient mettre en place très rapidement une commission dont la mission serait de réfléchir à la mise en place d'une réglementation acoustique.

Il s'agira d'exiger des valeurs minimales d'isolement acoustique à respecter :
   i. Entre deux logements,
   ii. Entre les circulations communes intérieures et les logements,
   iii. Entre les places de stationnement d'un bâtiment et les logements,
   iv. Entre des locaux d'activités et les logements.

Un regard attentif doit également être porté sur les matériaux utilisés dans les parties communes car ils doivent permettre de limiter les impacts liés aux bruits. Pour cela, des matériaux absorbants doivent être favorisés pour les sols, murs et plafonds comme la pose de plafond acoustique dans les circulations communes.

Ces dispositions devront découler de la réglementation acoustique qu'il faudra mettre en place.

Tous ces « petits détails » qui, pour l'instant ne comptent pas dans le processus de construction et d'achat, améliorent de façon très positive le confort des occupants et influent directement sur la santé des personnes.

Dans un avenir proche, je ne serais pas étonné que cela devienne un argument de taille pour les acquéreurs d'un bien dans un immeuble collectif.

Des chantiers « test » visant à persuader les acteurs de la construction de la nécessité d'améliorer l'isolation acoustique des immeubles pourraient être envisagés et très vite l'on se rendra compte de la nécessité d'agir dans ce sens.

Des parties communes plus fonctionnelles

Dans un cadre plus général, un regard plus soigné doit être apporté aux parties communes intérieures des immeubles collectifs, afin de leur permettre de participer au bon fonctionnement de la vie en copropriété.

La recherche de rentabilité fait malheureusement que les constructeurs favorisent le plus souvent les surfaces des logements, au détriment des parties communes, d'où la nécessité de fixer un cadre. Dans la plupart des cas, les surfaces dédiées à ces espaces communs ne sont pas satisfaisantes.

Des mini halls d'entrée, des couloirs ou coursives d'étage trop étroits, des espaces communs inexistants alors pourtant qu'ils sont nécessaires pour le fonctionnement de la copropriété, telle est la réalité des immeubles au Sénégal.

Il nous faut aller vers des halls plus « sympathiques », aussi bien en termes de design qu'en termes de surface et redonner les fonctions qui sont attendues à cet espace.

Dans la plupart des cas, quand ils existent, les halls des immeubles collectifs sont inadaptés aux tailles des immeubles pour lesquels ils ont été conçus. Il faudrait instaurer, par le biais d'une disposition dans le Code de la construction, l'obligation d'intégrer de vrais halls d'entrée dans la conception des immeubles de logements.

Il serait intéressant que ces halls d'entrée soient conçus comme de vrais sas d'entrée compris entre 2 portes vitrées sécurisées pour favoriser l'éclairage naturel.

L'idée est de pouvoir y mettre un certain nombre d'équipements nécessaires au fonctionnement d'un immeuble collectif, comme par exemple les boîtes aux lettres.

Il faudrait que l'on commence sérieusement à penser à intégrer la distribution du courrier et des colis lors de la conception de nos bâtiments collectifs. Et pour ce faire, il faudrait commencer à réfléchir à l'emplacement des boîtes aux lettres dès le dépôt du permis de construire.

Il s'agit là d'une évidence !

Cela a encore plus de sens avec la nouvelle économie numérique et le commerce électronique qui se développe de plus en plus partout dans le monde.

Le Code de la construction en crée d'ailleurs l'obligation : « pour leur desserte postale, les bâtiments doivent être pourvus de boîtes aux lettres à raison d'une boîte aux lettres par logement ou service. S'il existe plusieurs logements ou services, ces boîtes doivent être regroupées en ensembles homogènes. Un arrêté conjoint du Ministre chargé de la construction et du Ministre chargé des Postes précise les modalités d'application des dispositions du présent article. »[68]

Il faut que cela devienne une réalité dans les constructions. D'ailleurs, la Poste devrait faire partie des services à consulter lors de la délivrance des permis de construire pour lui permettre de statuer sur la position des boîtes aux lettres dans les immeubles d'habitation et les lotissements.

L'accès à l'immeuble sera autorisé à la Poste uniquement pour la première porte du sas d'entrée pour lui permettre de distribuer les courriers ou les colis, par le biais d'un « passe-concessionnaire ».

---

[68] Article R15 du Code la construction

Dans ce sas qui fait office de hall d'entrée, devra figurer également un panneau d'affichage comportant les informations utiles pour la gestion des immeubles, à savoir :
- les coordonnées du syndic, de la société de gardiennage, des services de maintenance des équipements comme l'ascenseur...
- un plan d'évacuation de l'immeuble en cas d'incendie indiquant la position des outils de lutte contre le feu comme les extincteurs, les colonnes sèches, les bornes incendies. Cela permettrait aux pompiers de gagner beaucoup de temps, en cas d'intervention,
- mais également, le téléphone des services d'urgence (sapeurs-pompiers, SAMU, Police...) et toutes les informations nécessaires à la copropriété.

Comme je l'ai suggéré plus haut, les halls des immeubles doivent être conçus de façon à favoriser un éclairage naturel par la lumière du jour. Quant à l'éclairage des autres parties communes, toutes les fois qu'il sera impossible de créer des ouvertures pour favoriser la lumière naturelle, il est préférable qu'il soit réalisé de façon à être commandé par des détecteurs de présence couplés à des sondes crépusculaires permettant de mieux gérer l'utilisation.

Il y a également lieu de réfléchir à la conception des escaliers. Tout d'abord, il faut exiger que les escaliers ne donnent plus directement sur les circulations d'étages.

En effet, lors d'un incendie, dans le but d'éviter la propagation du feu par la cage d'escalier et donc de le contenir sur un seul niveau, il est nécessaire de positionner des portes coupe-feu sur les paliers entre les cages des escaliers et les circulations d'étages.

Cela permet de circonscrire le feu sur un niveau et de faciliter l'évacuation des personnes des paliers supérieurs ou inférieurs par les escaliers.

Il faudra aussi penser à la pose de trappes de désenfumage au sommet des escaliers, avec la possibilité de les actionner depuis le rez-de-chaussée. Ces trappes permettent de faire évacuer les fumées et d'éviter les risques d'asphyxie lors d'un incendie.

Toutes ces questions devraient être résolues par une vraie réglementation « incendie », avec l'obligation d'associer un « bureau de contrôle » agréé à la construction d'un immeuble.

Il faudra également réfléchir aux caractéristiques dimensionnelles des escaliers avec des largeurs et des hauteurs de marches bien définies.

Pour cela, le Code de la Construction devrait codifié la formule de Blondel qui permet de s'assurer de la non-pénibilité d'utilisation d'un escalier ou tout simplement une hauteur de marche maximale et un emmarchement minimal.

Cette formule de Blondel qui date de l'époque de Napoléon se définit comme suit : $2H+G = 60$ à 64 cm.

Dans la formule, « H » représente la hauteur des marches et « G » le giron d'une marche.

La hauteur idéale pour les marches d'escaliers est de 17 cm pour un giron compris entre 26 cm et 30cm.

Une largeur minimale de la cage d'escalier doit être précisée. Elle doit être d'un mètre minimum entre mains courantes.

Il en est de même pour les circulations d'étages qu'il faudra prévoir suffisamment larges (120 centimètres minimum) pour faciliter le transport de brancards, de personnes en fauteuil roulant.

Pour ce qui est des ascenseurs, le Code de la construction précise leur caractère obligatoire pour tout immeuble comportant plus de quatre niveaux. Il faudrait aller encore plus loin, en les rendant obligatoire à partir d'un R+3 car si aujourd'hui notre société est composée très majoritairement de jeunes de moins de 20 ans (52,7% de la population d'après le recensement de 2013 de l'Agence nationale de la statistique et de la démographie), il faut penser d'ores et déjà aux vieux jours de toute cette belle jeunesse.

Si rien n'est fait, la valeur d'un bien situé à un étage élevé d'un immeuble sans ascenseur se retrouvera fortement diminuée dans le futur.

Pour anticiper ce problème, on pourrait imaginer d'inscrire dans le Code de la construction une disposition imposant aux architectes et constructeurs de prévoir lors de la conception d'un immeuble, une trémie permettant la pose ultérieure d'un ascenseur. C'est une mesure facile à mettre en œuvre.

Pour une prise en compte des risques d'incendie dans nos immeubles, il est également urgent de prévoir la pose de blocs autonomes d'éclairage de sécurité (BAES).

Il s'agit d'appareils qui permettent d'indiquer les issues de secours du bâtiment par un rétroéclairage. Ils sont dotés de batteries et sont donc autonomes vis-à-vis de l'alimentation électrique du bâtiment, ce qui fait qu'ils restent allumés, même en cas de coupure du système.

Il en est de même pour la pose des détecteurs de fumée intégrant des alarmes « incendie » aussi bien dans les parties communes que dans les logements.

Positionnés dans plusieurs endroits de l'immeuble, ils permettent de détecter le départ d'un incendie et d'alerter les occupants par le biais d'une alarme. Cela permet bien évidemment de sauver des vies, ce qui m'autorise à dire la pose de ces détecteurs de fumée devrait être obligatoire dans tous les immeubles de logements.

Des immeubles plus sécurisés

Par ailleurs, dans le but de prendre en compte les risques d'intrusion dans les immeubles d'habitation, il faudrait imposer par le biais du Code de la construction que les bâtiments soient conçus et réalisés de façon à lutter contre les cambriolages très fréquents.

Pour des immeubles confortables

En l'absence d'équipements adaptés, les copropriétaires sont souvent contraints de faire appel à des agents de sécurité dont les conditions de travail sont déplorables, car ils ne disposent, ni de poste de surveillance, ni de toilettes dans les immeubles.
Il existe pourtant des solutions permettant de contrôler l'accès des immeubles et d'augmenter la sécurité des logements contre les risques d'intrusion.
Il y a tout d'abord le contrôle d'accès électronique. C'est la solution la plus simple et la moins coûteuse pour sécuriser l'accès à un immeuble.
Il s'agit d'une platine posée à l'entrée de l'immeuble qui permet de contrôler l'accès à partir d'un interphone ou d'un vidéophone à l'intérieur du logement. L'interphone ou le vidéophone permet l'ouverture à distance de la porte principale. La fermeture automatique de cette porte s'effectue par le biais d'un ferme-porte appelé groom.
C'est le système qui est utilisé dans la quasi-totalité des nouveaux immeubles d'habitations collectives en Europe.
Cela existe déjà dans quelques immeubles au Sénégal, mais il faudrait aller vers sa généralisation.
Ensuite, il y a lieu d'imposer au moins pour les promoteurs immobiliers la mise en place, pour l'entrée des appartements, de portes blindées avec des serrures sécurisées.
Un système de certification des portes et des serrures en fonction de leur résistance aux tentatives d'effraction doit être instauré par les pouvoirs publics.
Cela existe dans plusieurs pays développés. Il s'agit de mesurer la résistance à l'intrusion des portes d'entrée des logements et de les classer suivant leur degré de résistance.
Le degré de résistance de la porte d'entrée d'un appartement mis en vente est un argument commercial très important pour les promoteurs immobiliers dans les pays développés. Il est mis en exergue sur les plaquettes de commercialisation des programmes

Pour des immeubles confortables

immobiliers car, pour que l'assurance habitation contre le vol joue pleinement son rôle en cas de cambriolage par effraction de la porte d'entrée, il faut être en mesure de prouver que la porte était sécurisée par au moins une serrure 3 points, ou qu'elle disposait d'une certification prouvant son degré de résistance à l'effraction.

Vu le prix de la surface habitable, il est évident qu'il est plus intéressant de prévoir un dispositif de sécurisation des immeubles et logements par le contrôle d'accès électronique et des portes blindées, que de mettre en place un système de gardiennage respectant les conditions de travail des salariés.

Il semble évident que les promoteurs immobiliers iront tout naturellement vers ce système de sécurisation des immeubles si l'obligation d'une unité de vie intégrée au bâti et dédiée au gardiennage venait à être une réalité.

Dans les pays développés, avec l'arrivée des portes blindées et des systèmes de contrôle d'accès électronique, les logements de gardien que l'on retrouvait encore dans les vieux immeubles ont tendance à disparaître.

Des unités de montage de portes blindées doivent être encouragées par l'État sous l'impulsion des fédérations du bâtiment et des promoteurs immobiliers, au même titre que les unités de fabrication d'éléments en terre cuite et de carreaux de ciments dont on a parlé plus haut.

Le manque de recul des ménages sur l'inconfort créé par l'absence de telles mesures (meilleure isolation acoustique, meilleur aménagement des parties communes, intégration d'un ascenseur, lutte contre les risques d'intrusion) fait qu'ils ne les intègrent pas encore dans leurs critères d'achat d'un logement collectif, mais je parie que d'ici quelques années, il n'en sera plus ainsi.

Du respect de la sécurité incendie

Les incendies dans les immeubles constituent un vrai problème au Sénégal. En 2013, la Direction de la Protection Civile a recensé 2036 incendies[69], dont certains se sont soldés par des pertes en vies humaines.
Je me souviens encore des 9 enfants tués dans un incendie, en mars 2013, dans le quartier de la Médina et qui avaient plongé tout le pays dans une tristesse indescriptible.
L'absence d'une réglementation « incendie » au Sénégal pour les immeubles d'habitation est à l'origine de la recrudescence de ce phénomène.
Car, aussi incroyable que cela puisse vous paraître, il n'y a aucune norme n'oblige les constructeurs à prendre des dispositions pour lutter contre les risques d'incendies, sauf pour les immeubles d'habitation qui rentrent dans la catégorie d'immeubles de grande hauteur (IGH).
De ce fait, la conception et la réalisation de la plupart des habitations se font, sans qu'aucune mesure de protection préventive ne soit intégrée.

---

[69] M Ismaëla Fall, le chargé des risques et catastrophes à la Direction de la Protection Civile, à l'occasion de l'Assemblée Générale de Mai 2014 de la Fédération Internationale pour la Sécurité des Usagers de l'Electricité (FISUEL)

Du respect de la sécurité incendie

De la mise en place d'une réglementation incendie

Pour arriver à lutter contre les risques d'incendie, il faudrait se doter d'une règlementation « incendie » digne de ce nom qui ne cible pas uniquement les immeubles rentrant dans la catégorie d'immeubles de grande hauteur (IGH).

Cette réglementation devrait s'appuyer sur 3 dispositions majeures, à savoir :
- La prévention pour éviter la naissance du feu et sa propagation.
- L'évacuation des occupants et leur protection par le choix d'une bonne conception et des matériaux adéquats;
- L'accès des services de secours.

La prévention peut être assurée par les détecteurs de fumée, les alarmes incendie, les extincteurs mais également le choix de matériaux relativement résistants au feu. Il faut savoir qu'une classification des matériaux existe et la réglementation française interdit par exemple l'utilisation de matériaux peu résistants aux flammes dans certaines parties d'immeubles.

L'évacuation des occupants doit pouvoir se faire facilement par les cages d'escalier, mais cela suppose de bien positionner ces cages d'escalier et surtout d'assurer leur protection vis-à-vis du feu en cas d'incendie. Les portes d'accès et les matériaux des parois de ces cages d'escaliers doivent être certifiés « Coupe-Feu » ou « Pare-Flamme » afin, d'une part de supprimer tout risque de propagation du feu dans cette zone, d'autre part, de permettre l'évacuation des occupants de l'immeuble.

Des dispositions comme le désenfumage des coursives d'étage et de la cage d'escalier par des mécanismes intégrés à la construction sont aussi possibles pour favoriser l'évacuation des occupants.

L'accès facile des services de lutte contre l'incendie doit être étudié lors de la conception.

En cas d'inaccessibilité de l'immeuble, il faudrait rendre obligatoire l'installation d'un certain nombre d'équipements (borne incendie, escaliers de secours, colonne sèche...), qui concrètement, permettront de lutter contre la propagation des flammes.

Il faut donc, très rapidement, que l'État mette en place cette réglementation « incendie » pour toutes les constructions. Il est évident que les exigences devront être plus ou moins importantes selon la complexité des immeubles.

Le « bureau de contrôle » devrait être le garant du respect de ces exigences et attester de la conformité de l'immeuble vis-à-vis de la sécurité incendie à travers les deux documents que j'ai évoqué dans le chapitre « Un ouvrage, un permis de construire »

Cette attestation serait à produire lors du dépôt de la demande de permis de construire et de la déclaration d'achèvement de travaux, en vue d'obtenir le certificat de conformité.

Du contrôle des installations électriques

En plus de la mise en place d'une réglementation incendie, une attention particulière devrait être donnée aux installations électriques, car elles sont la principale cause des incendies survenus au Sénégal.

Il faut savoir en effet, que sur les 1545 incendies constatés en 2011, 820 étaient d'origine électrique, soit une proportion de 53%. Ce pourcentage est de 49% sur les 1820 incendies constatés en 2013 et 50% sur les 2036 cas recensés. Pendant ces trois dernières années, le nombre de victimes est respectivement de 20, 15 et 55 cas[70].

Une enquête réalisée en 2012 par l'association pour la Promotion de la qualité des installations électriques intérieures

---

[70] M Ismaëla Fall, le chargé des risques et catastrophes à la Direction de la Protection Civile, à l'occasion de l'Assemblée Générale de Mai 2014 de la Fédération Internationale pour la Sécurité des Usagers de l'Electricité (FISUEL)

(PROQUELEC) indiquait qu'au Sénégal 77% des installations électriques des logements étaient jugées dangereuses.

Cette situation qui est principalement due au non-respect des normes et à l'utilisation massive de produits contrefaits, augmente considérablement les risques d'incendie des bâtiments.

L'idéal serait de pouvoir faire contrôler par un organisme indépendant les installations électriques, avant la mise sous tension des logements.

Cette idée est apparemment à l'étude dans les services de l'État car lors de cette Assemblée Générale de la FISUEL, le Secrétaire Général à l'énergie annonçait l'édiction imminente d'un décret pour rendre obligatoire le contrôle des installations électriques des constructions neuves avant toute mise sous tension.

Ce serait une très bonne chose car cela permettrait de mieux protéger les usagers contre les risques d'incendies liés à ces malfaçons.

Le décret dormirait dans les tiroirs du ministère depuis 1995 au motif officieux que les associations de consommateurs ne seraient pas d'accord sur le fait que ce soit le consommateur qui supporte les frais liés à ces contrôles de conformité.

L'on ne peut que le regretter, à cause, du risque que ces mauvaises installations électriques font courir à la population.

Il faut très rapidement publier ce décret, en essayant d'encadrer le prix du contrôle, pour que cela ne coûte pas trop cher aux usagers.

Dans tous les cas, l'assurance habitation devant être obligatoire, ce contrôle des installations électriques permettrait aux sociétés d'assurance d'être plus à l'aise sur la couverture des risques liés aux incendies et donc de baisser le coût de cette assurance.

Pour l'existant, il faudrait rendre obligatoire la fourniture d'un diagnostic électrique avant toute vente ou location de logements par un vendeur ou un bailleur. Ce diagnostic qui devrait être fait par un organisme indépendant, permettrait à la personne intéressée par un logement de connaitre l'état de l'installation électrique.

Le bailleur ou vendeur qui voudra bien louer ou mieux vendre son appartement aura tout intérêt à faire les travaux de mise en conformité ; à défaut il risquerait de subir une décote de la valeur de son bien.

En parallèle, il faudrait lutter contre la contrefaçon de matériel électrique.

Le 28 mai 2014 un atelier a réuni à Dakar les acteurs de la profession sur ce thème de la contrefaçon.

C'est un fléau qui gangrène le secteur des équipements électriques en Afrique et cela augmente considérablement les risques d'incendies car les produits contrefaits sont de mauvaise qualité et hors norme.

Et tous les produits sont concernés : du fusible à la prise électrique, la contrefaçon s'est généralisée.

Schneider Electric, spécialiste mondial des équipements électriques a lancé une vaste enquête sur la contrefaçon de matériels électriques en Afrique et a mobilisé pour cela 37 personnes pendant deux mois. C'est dire l'ampleur de la situation.

Cette enquête a pour but de sensibiliser les États africains sur les principales conséquences de la contrefaçon électrique sur l'économie de leur pays et de déterminer la provenance de ces produits.

Il faudrait que nos gouvernements se saisissent du problème en associant les grands industriels mondiaux.

Les fournisseurs de matériels électriques doivent faire l'objet d'une surveillance par les autorités et ceux dont les produits sont jugés de qualité et conformes pourront se faire délivrer un label par l'État qui leur permettrait de se différencier des fournisseurs dont l'origine et la qualité des produits ne seraient pas clairement identifiées.

En parallèle une campagne nationale de sensibilisation devra être faite auprès du grand public car je suis convaincu que le phénomène est loin d'être connu.

Les personnes qui achètent ces équipements contrefaits ne sont pas tous conscients de leur qualité et elles ne mesurent surtout pas tous les risques auxquels elles sont exposées, d'où l'importance de la sensibilisation.

De la gestion efficace de la copropriété

Face à l'explosion des constructions en hauteur, devenues une nécessité du fait de la raréfaction des réserves foncières, il était important pour l'État de mettre en place une réglementation visant à maitriser les pratiques en matière de gestion d'immeubles en copropriété.
Qui dit « immeubles de logements collectifs », dit « copropriété », et qui dit « copropriété » dit « parties communes » !
La gestion de ces parties communes doit être faite dans le but d'assurer en continu le bon fonctionnement des immeubles. Cela passe par une certaine qualité d'entretien et de maintenance des immeubles et donc par le paiement des charges de l'immeuble par les copropriétaires.

Du respect des textes sur la copropriété
En matière de réglementation, il y a d'abord une loi en 1988 qui fixe le statut de la copropriété des immeubles bâtis et qui est complétée par un décret d'application pris en février 2002.
Même si ce texte a le mérite d'exister, il faut que cela se traduise en actes concrets dans la gestion des immeubles. La loi exige pour tout immeuble collectif :
  i. La création d'un règlement de copropriété ;
  ii. La fourniture d'un état de répartition des charges en fonction des quotes-parts de chaque copropriétaire ;
  iii. La tenue d'une assemblée générale de copropriétaires au moins une fois par an ;

iv. La mise en place d'un conseil syndical ;
v. Et la possibilité d'engager les services d'un syndic professionnel.

La profession de syndic professionnel est régie par le nouveau Code de la construction avec l'instauration d'une carte professionnelle d'une durée de validité d'un an.
Pour l'obtenir, on doit produire :
i. Une garantie financière
ii. Une assurance responsabilité civile
iii. Les diplômes demandés ou l'expérience exigée

De l'encadrement de la profession de syndic de copropriété
Dans les faits, ces exigences réglementaires ne sont pas respectées car n'importe qui peut se déclarer syndic de copropriété.
Nous voyons essaimer une foule d'agences immobilières qui se définissent en tant que « syndic de copropriété » sans être en mesure de justifier de l'agrément des autorités. Il y a là un réel besoin de régulation et de contrôle.
Il arrive même que des promoteurs immobiliers se positionnent en tant que « syndic de copropriété » des immeubles qu'ils construisent, ce qui crée un réel conflit d'intérêts.
Les « syndics de copropriétés » doivent être en mesure de représenter les copropriétaires dans la gestion du service après-vente et des éventuelles malfaçons sur les parties communes des immeubles dont ils assurent la gestion. Il y a donc une évidente confusion de rôles, lorsqu'un promoteur immobilier se déclare « syndic de copropriété » d'un immeuble dont il a assuré la maîtrise d'ouvrage.
Par ailleurs, les promoteurs immobiliers doivent être en mesure de fournir l'estimation des charges de gestion de l'immeuble pour chaque copropriétaire au moment de l'achat d'un bien. Le fait d'être à la fois vendeur et syndic de l'immeuble, peut donc créer

un risque de tromperie sur l'exactitude des charges qui sont annoncées au moment de l'achat d'un appartement en vente en l'état futur d'achèvement.
La vente en l'état futur d'achèvement, rappelons-le, est la vente d'appartement sur plan, alors que la construction de l'immeuble n'est pas encore achevée.
Il arrive également souvent, que les syndics fassent eux-mêmes les travaux d'entretien et de maintenance qu'ils facturent aux copropriétaires, ce qui constitue un autre réel conflit d'intérêts car le véritable rôle du syndic est de représenter les copropriétaires vis-à-vis des entreprises prestataires de services pour la réalisation de tâches liées à la gestion de l'immeuble (nettoyage des parties communes, entretien des équipements communs comme l'ascenseur…) le tout se faisant dans le but d'acheter au meilleur prix, en mettant en concurrence des prestataires de service dans une parfaite transparence.
Vous comprendrez donc aisément qu'il n'est pas souhaitable qu'un promoteur puisse assurer lui-même le rôle de syndic d'un immeuble qu'il a construit ou qu'un syndic puisse effectuer lui-même les travaux d'entretien d'un immeuble dont il a la gestion.
C'est pour cette raison qu'il serait souhaitable d'interdire aux promoteurs immobiliers de jouer directement ce rôle de syndic de copropriété et de refuser que les syndics fassent eux-mêmes les travaux d'entretien des immeubles qui leur sont confiés.
L'article 30 du décret d'application de la loi de 1988 précise que, dans le cadre de vente de lots dans un immeuble collectif, la fonction de syndic doit être assumée par l'organisme vendeur tant que cet organisme reste propriétaire des logements.
En d'autres termes, le rôle de syndic doit être assuré par le maître d'ouvrage ou le promoteur immobilier tant qu''il reste propriétaire des biens mais dès lors que les biens sont acquis par des tiers, il ne peut plus assumer cette charge.

Dans la pratique, il s'agit de faire désigner un syndic provisoire par le promoteur immobilier avant même la livraison d'un programme et de tenir une assemblée générale des copropriétaires avant la livraison des biens pour confirmer ce syndic provisoire.
En France, une mise en concurrence est devenue obligatoire pour le choix du syndic provisoire par les promoteurs immobiliers et un modèle de contrat type de syndic a été créé pour éviter les clauses abusives.
Le nom du syndic provisoire devrait être inscrit sur les actes de vente en état futur d'achèvement lors de l'acquisition d'un bien.
Les notaires devraient être plus regardants sur le respect des dispositions de la loi et notamment, lors de l'achat d'un bien immobilier, notamment en s'assurant de la présence des différents documents régissant la copropriété, avant de faire signer des actes de vente.
Ces documents doivent faire partie des pièces à fournir lors du permis de construire compte tenu de la méconnaissance de la population sur ces sujets.
Un modèle de contrat type doit être édité par le ministère de l'Habitat, afin de lutter contre les clauses abusives.

Du paiement des charges de copropriété
Les charges estimatives pour la gestion des parties communes d'un ensemble immobilier devraient également être portées à la connaissance des acquéreurs de la vente d'un lot dans d'une copropriété.
Cela permettrait de lutter contre le défaut de paiement des charges constaté fréquemment dans les immeubles de logements collectifs.
Je ne résiste pas à l'envie de porter ci-après, à votre connaissance le témoignage d'un copropriétaire qui s'est porté acquéreur d'un bien dans un programme immobilier chez un promoteur.

De la gestion efficace de la copropriété

« Absence d'éclairage public, insalubrité grandissante, service de gardiennage subitement interrompu... Et la liste des maux dont souffre la cité X est loin d'être exhaustive.
Les copropriétaires de la phase 2 de cette localité, encore appelée "Résidence X" vivent en effet un véritable calvaire.
L'espace est envahi, depuis quelques temps, par les ordures ménagères, les mouches, les chiens errants, les "boudioumans", et on ne sait quoi encore.
Cette nouvelle zone d'habitation, ..., pourtant réputée résidentielle, avec ses appartements huppés, étouffe.

À l'origine de cette situation; le départ précipité du Syndic qui gérait la sécurité, le nettoiement des espaces communs, l'enlèvement des ordures entre autres tâches vitales pour les occupants des immeubles de ladite phase 2.
En réalité, il y a des mauvais payeurs parmi les copropriétaires qui doivent s'acquitter, chaque mois, d'une cotisation d'en moyenne 8000 francs CFA.

Le cumul de tout cet argent permettait en effet au Syndic de payer ses employés. Mais un moment donné, la structure en question n'était plus en mesure de respecter le cahier des charges à cause notamment des mauvais payeurs précités. Conséquence: Il était contraint de résilier tout bonnement le contrat qui le lie aux copropriétaires.
Ceci expliquant cela, le conseil syndical, seul interlocuteur valable et validé du Syndic, composé de 10 membres, tous des copropriétaires de la phase 2, a demandé que l'on verse maintenant les cotisations mensuelles auprès du syndic de la phase 1. Et, en son temps, la situation était revenue à la normale.
Malheureusement, depuis une certaine période, elle recommence à pourrir. Certainement, les moyens font encore défaut à l'actuel Syndic qui peinerait à rassembler toutes les cotisations par appartements.
Du coup, la décharge de circonstance de la belle cité X, qui fait face au joli jardin du coin, devient de jour en jour un deuxième « Mbeubeuss ». Les camions de ramassage d'ordures y viennent de moins en moins.

> À cela s'ajoute, l'indiscipline et le manque de civisme de certaines dames notamment. Ces dernières versent leurs saletés à même le sol. Et pourtant, il y a toujours, sur place, des bacs à ordures vides. Paradoxe !
>
> En outre, les espaces communs ne sont plus nettoyés, faute de main-d'œuvre.
> Pire, la nuit, les copropriétaires de la phase 2 baignent dans l'obscurité totale, donc dans une insécurité débordante.
> Pour rappel, tous les syndics, cités précédemment, ont été choisis par le promoteur, puis proposés aux copropriétaires.
> D'ailleurs, ces derniers n'excluent pas de mener des actions d'envergure les jours à venir pour que nul n'en ignore.
>
> On leur a vendu ces appartements trop chers, ils exigent, dès lors, du promoteur des meilleures conditions de vie et d'existence dans cette paisible cité de la capitale sénégalaise »

Témoignage extrait du site www.dakaractu.com – 13 juillet 2013

Comme vous avez pu le constater le non-paiement des charges de parties communes dans les immeubles d'habitation par des copropriétaires, constitue un réel problème au Sénégal.

Cette situation est d'ailleurs à l'origine des dégradations prématurées constatées très souvent dans les parties communes des immeubles et par là même, dans le cadre de vie des populations.

Il faudrait donc que l'État réfléchisse à donner des outils à la copropriété, lui permettant d'inciter au paiement régulier des charges de l'immeuble.

Je propose pour cela deux solutions :
- Une obligation d'information sur les charges d'exploitations liées à un lot de copropriété, lors de la vente ou la location.

    Cette obligation d'informer les acquéreurs d'un logement sur le montant des charges qu'ils auront à

payer avant même l'achat (ou la location) du logement doit être imposée aux promoteurs, constructeurs et agents immobiliers.
Cette estimation devra être faite par un syndic agréé, l'idée principale étant d'informer les futurs locataires ou acquéreurs d'un bien sur les futures charges avant même la location ou la vente pour le responsabiliser.
- La mise en place d'une garantie de paiement des futures charges de copropriété car dès lors qu'il est possible de connaitre ces charges à l'avance, il est possible d'exiger des futurs locataires et acquéreurs un engagement sur leur paiement.
Cette garantie peut prendre la forme d'une assurance produite par une institution financière ou un engagement produit par l'employeur du salarié « acquéreur » ou « locataire » pour permettre au syndic de se retourner contre eux, en cas de non-paiement des charges par un copropriétaire.
Cela permettrait de rassurer le propriétaire bailleur et les copropriétaires, en leur garantissant à tout moment un paiement des charges de l'immeuble.
Cette garantie devrait être exigée lors de l'achat ou la location de chaque bien.
Tout ceci devra être, bien évidemment, encadré juridiquement par l'État suivant des procédures bien définies et rappelées dans chaque règlement de copropriété.

De l'encadrement du métier d'agent immobilier

Il est également nécessaire d'encadrer le métier d'agent immobilier pour une meilleure professionnalisation du secteur.
Nul ne devrait prétendre à des commissions en tant qu'intermédiaire lors de la vente ou la location d'un bien

immobilier sans être en possession d'une carte d'agent immobilier.

Les conditions de délivrance de la carte d'agent immobilier doivent être clairement définies, comme pour le syndic de copropriété.

Il est nécessaire d'exiger au moins une formation sur les différents baux, les contrats de vente immobilière, le métier de syndic, la fiscalité immobilière…

En d'autres termes, le métier de « courtiers » tel qu'on le connaît actuellement au Sénégal doit évoluer.

Toutes ces mesures devraient permettre d'assainir le secteur de l'immobilier pour un meilleur climat des affaires au Sénégal.

De l'encadrement du monde de la construction

Quand on souhaite construire un immeuble d'habitation ou une maison individuelle au Sénégal, il est difficile de trouver des entreprises qualifiées, capables de vous donner toutes les garanties nécessaires à la bonne marche du projet.
Il n'y a en effet aucun critère permettant de garantir le sérieux et les qualifications des entreprises de bâtiment.
Tout le monde peut se définir entrepreneur et dans la plupart des cas, les techniciens du bâtiment qui constituent les têtes pensantes de ces entreprises n'ont pas les formations nécessaires pour garantir la vraie expertise qu'exige la gestion d'un projet de construction.
Quand on se promène dans la région de Dakar et qu'on voit tous ces nouveaux bâtiments, on se rend compte, à quel point il y a un manque de qualifications au niveau des entreprises travaillant dans le secteur de la construction.
Il y a très peu de bâtiments qui démontrent une qualité architecturale et des travaux de finition comparables à ceux des bâtiments que l'on trouve généralement dans les pays dits « avancés ».
Il va falloir vraisemblablement attendre des décennies avant d'espérer arriver à un niveau de qualité semblable à celui que l'on retrouve dans ces pays, tant la qualification de nos entreprises est faible.

De la qualification du personnel

J'ai la conviction profonde qu'on a besoin, au Sénégal, de repenser la formation de nos ingénieurs et techniciens en bâtiment. J'ai eu la chance de commencer mes études en Génie Civil à l'École Polytechnique de Thiès avant de les terminer en France ; il y a une différence notoire entre les deux systèmes d'enseignement.

Avec le recul, je me suis rendu compte que les enseignements que j'ai reçus en France dans le bâtiment visaient à me former pour devenir un vrai professionnel du bâtiment, tandis qu'au Sénégal la formation tendait à me faire devenir un théoricien en science de l'ingénieur.

Je m'explique !

Il y a bon nombre de cours pratiques que l'on retrouve dans les grandes écoles françaises qui ne sont tout simplement pas enseignés au Sénégal. Prenons l'exemple de l'École Spéciale de Travaux Publics (ESTP).

Dans le programme de formation des ingénieurs « Bâtiment » de cette école, on retrouve, entre autres, les cours suivants :

i. Architecture – conception – maître d'œuvre,
ii. Installation électrique des projets,
iii. Engins de chantier,
iv. Technologie de la construction,
v. Prévention santé et sécurité,
vi. Gestion des risques de construction,
vii. Législation du bâtiment,
viii. Marchés de travaux et législation d'appel d'offres,
ix. Sécurité incendie.

Aucun de ces cours pourtant bien utiles pour le métier d'ingénieur bâtiment, ne font pas partie du programme de formation des ingénieurs de l'École Polytechnique de Thiès, ce qui est fort regrettable.

De l'encadrement du monde de la construction

Je ne suis pas en train de dire que nos ingénieurs sont moins intelligents que les ingénieurs français, mais il faudrait revoir leur formation pour la rendre plus opérationnelle et plus pratique.
Il est fondamental que des cours sur le Code de l'urbanisme, le Code de la construction, la Sécurité incendie[71] soient intégrés dans l'enseignement de nos ingénieurs « bâtiment ».
Nos écoles sont très déconnectées des besoins du métier d'ingénieur qui a beaucoup évolué avec le temps.
J'ai eu des cours très intéressants à l'École Polytechnique de Thiès sur la physique du bâtiment. J'ai été impressionné par la qualité des cours en particulier sur les échanges thermiques et l'acoustique.
Mais une fois que l'on nous a parlé de flux de chaleur, de conductions, de conductivité thermique, de propagation du son, avec des formules physiques quelquefois très compliquées, de Wallace Sabine avec le coefficient d'absorption des matériaux, l'expérience s'arrête là.
Ne faudrait-il pas aller plus loin ?
Car en réalité, toutes ces formules et théories physiques ont permis la mise en place d'une série de règlementations, comme la règlementation acoustique et thermique.
Il y a lieu de tout recentrer autour de trois points fondamentaux :
  i. La législation en matière d'urbanisme et de construction
  ii. La technologie du bâtiment mais dans sa dimension « chantier et usage »
  iii. Les contrats relatifs à l'acte de construire.

En ce qui concerne les ouvriers spécialisés qui travaillent sur les chantiers (maçons, électriciens, plombiers ou carreleurs), force est de constater qu'il y a un déficit notoire de personnes qualifiées.

---

[71] Suivant les normes françaises en attendant la mise en place d'une règlementation incendie dans notre pays

Ce déficit est principalement dû au manque d'instituts d'apprentissage capables de former des ouvriers au niveau des standards internationaux.

Les rares instituts d'apprentissage qui existent, ont des formateurs qui sont le plus souvent d'anciens ouvriers trop connectés aux habitudes locales qui, par déformation professionnelle ne savent pas, par exemple, que le terme « béton » ne désigne pas les graviers en calcaire ou basalte que l'on trouve sur les chantiers mais un mélange composé de ces graviers, de ciment, de sable et de l'eau.

Il est urgent de prendre des mesures visant à :

i. la création d'instituts de formation pour s'occuper dans les deux ans à venir de l'apprentissage de milliers d'ouvriers spécialisés suivant les normes internationales.

Un partenariat pourra être envisagé avec des pays occidentaux avec une mise à disposition de formateurs expérimentés.

Les ouvriers qui seront formés dans ces instituts de formation permettront, une fois sur le marché du travail, de tirer le niveau vers le haut, en diffusant les bonnes pratiques.

ii. la création d'un organisme indépendant dont le but est de certifier la qualification des entreprises. L'idée étant de pouvoir classer les entreprises suivant les domaines d'activité, l'expérience, la qualification, les effectifs, le chiffre d'affaires, les moyens matériels de production et surtout le respect des obligations en vigueur notamment, le Code du Travail, le Code de la construction, le code de l'urbanisme.

Des organismes privés, placés sous le contrôle de l'État pourraient être chargés de certifier les entreprises évoluant dans le secteur du bâtiment et l'obtention de cette

       certification pourrait être exigée pour l'attribution de marchés publics.
iii. lutter contre le « trafic » de curriculum vitae fictifs car les entreprises ont souvent tendance à rajouter frauduleusement dans leur effectif, les références de personnes qualifiées, afin de justifier d'un certain niveau de qualification et de se faire attribuer des marchés de travaux.

Pour lutter contre ce phénomène, l'État doit favoriser la mise en place d'un Ordre des Ingénieurs et Technologues du Bâtiment, comme il en existe au Canada.

Cet Ordre des Ingénieurs et Technologues pourra être une force de proposition sur la formation dispensée dans les écoles et sur les dispositions à apporter dans les règles de construction au Sénégal.

Une réunion de l'amicale des ingénieurs polytechniciens qui s'est tenue le 14 aout 2014 à Dakar, a été l'occasion de réaffirmer la nécessité d'aller vers la création d'un ordre des ingénieurs.

Cela fait malheureusement des années qu'on en parle et il faut que l'État en fasse une priorité pour que cela devienne une réalité dans les deux ans à venir.

Il faudra associer les techniciens du bâtiment pour que cela devienne un ordre des ingénieurs et technologues, comme c'est le cas au Québec.

Pour une meilleure organisation de l'acte de construire

La modernisation du secteur de la construction passe aussi par l'encadrement de l'environnement juridique des contrats de travaux.

La filière s'est organisée sous le système dit de « tâcheronnat ». Les tâcherons sont des ouvriers qui ont généralement beaucoup d'années d'expérience mais sont très souvent formés sur le tas. Leur apprentissage du métier s'est fait au contact avec des personnes plus âgées mais pas forcément qualifiées. Ils ont donc appris les « règles » du bâtiment à travers leur vécu sur les chantiers, mais ne sont pas forcément qualifiés.

Ils sont recrutés par les entreprises du bâtiment adjudicataires des marchés de travaux ou les promoteurs immobiliers, en qualité de sous-traitants et sont payés à la tâche ou à la journée.

Il arrive qu'ils soient directement en contrat avec des particuliers pour la construction de bâtiments à usage d'habitation, le plus souvent, encadrés par un maître d'œuvre tout aussi peu qualifié.

Pour constituer leur équipe, les tâcherons recrutent des compagnons et des manœuvres dans les différents corps d'État (maçons, ferrailleurs, coffreurs, carreleurs…) suivant le même principe de rémunération à la tâche ou à la journée.

La multiplicité du nombre de tâcherons crée une concurrence sauvage entre eux et certaines entreprises en profitent pour faire baisser les prix à la limite de « l'acceptable ». Cela a pour conséquence une baisse généralisée de la qualité.

Pour encadrer le système, l'État du Sénégal a institué un arrêté ministériel en date du 7 janvier 2005 fixant les modalités d'application du contrat de tâcheronnat.

Cet arrêté précise le cadre légal du tâcheronnat qu'il définit comme un contrat « par lequel, une personne physique s'engage vis-à-vis d'une autre à exécuter une tâche ou réaliser un ouvrage en recrutant elle-même la main-d'œuvre nécessaire à cette fin. »

Il exige que le tâcheron soit :
   i. inscrit au registre du commerce ou dans une chambre des artisans
   ii. et propriétaire d'un fonds de commerce ou d'un fonds artisanal.
   iii. respectueux des dispositions du Code du travail.

Il précise que le contrat de tâcheronnat doit être écrit et signé par les deux parties et normalement déposé à l'Inspection du travail.
Ce contrat doit comporter des mentions obligatoires, à savoir :
 i. les noms, adresse et raison sociale des contractants ;
 ii. la nature et l'étendue des prestations ou services objet du contrat ;
 iii. la durée de ces prestations et services ;
 iv. le lieu d'exécution de ceux-ci et la situation des différents chantiers du tâcheron ;
 v. le nombre approximatif de travailleurs à occuper ;
 vi. l'échéancier des paiements.

Le tâcheron doit, lui-même, déclarer ses salariés à l'Inspection du Travail et sa responsabilité est engagée pour le paiement des salaires, le respect des congés payés et des obligations fiscales et sociales, au même titre que toutes les entreprises régies par le Code du Travail.

En cas de défaillance du tâcheron, l'entrepreneur engage sa responsabilité sur le non-paiement des salaires et des cotisations sociales et patronales.

Il s'ensuit que les personnes morales ou physiques qui signent un contrat de tâcheronnat avec un tiers ont tout intérêt à s'assurer que les personnes qui travaillent sur le chantier disposent de contrats de travail et sont déclarées auprès de l'inspection du travail.

Afin de permettre à l'Inspection du Travail de faire les contrôles sur site, il faut imposer, dès lors que l'autorisation d'ouverture de chantier est obtenue, qu'un panneau de chantier indiquant les noms de toutes entreprises et tâcherons impliqués dans la construction soit installé sur le site.

Les coordonnées des entreprises et les numéros de SIRET ou du registre de commerce doivent être indiqués sur ce panneau d'affichage.

Comme pour les marchés publics, il faudrait imposer à tout maître d'ouvrage de veiller à ce que les entreprises leur fournissent des quitus administratifs prouvant qu'elles sont respectueuses de leurs obligations administratives, fiscales et sociales, avant de contractualiser avec elles.

Il faudrait également prévoir une obligation pour le maître d'ouvrage de fournir à l'administration la liste des entreprises ayant travaillé sur le chantier à la fin des travaux, avec les montants payés et les moyens de paiement, au moment de la déclaration d'achèvement de travaux.

Des sanctions pénales fortes devraient être prévues par la loi et inscrites dans le Code de la construction pour tout maître d'ouvrage qui ne respecterait pas ces dispositions.

Un contrat type de tâcheronnat devrait également être élaboré et mis à la disposition des personnes désireuses de faire faire des travaux.

Une obligation de s'inscrire dans une Chambre des artisans garantissant la possession d'une carte professionnelle devrait être exigée de tout tâcheron avant de pouvoir contractualiser avec une personne morale ou physique pour la réalisation des travaux de bâtiments.

Toutes ces mesures permettraient de lutter contre le blanchiment d'argent, le système informel et la fraude fiscale.

De l'assurance-construction

En plus de cela, il y a lieu de rendre obligatoire l'assurance-construction pour tous les acteurs de l'acte de construire, le but étant de protéger les propriétaires contre les risques liés aux vices de constructions et aux sinistres dans les habitations.

De quoi parle-t-on ?

Tout d'abord, il y a les assurances professionnelles. Il s'agit de polices d'assurance qui couvrent les risques professionnels des acteurs de la construction sur l'étendue de leur métier.
Il faut entendre par acteurs de la construction, toutes les personnes qui peuvent être engagées dans le processus de la construction ou de l'aménagement, à savoir les constructeurs, architectes, cabinets d'ingénierie, « bureaux de contrôle », promoteurs immobiliers, lotisseurs, sociétés Hlm et tâcherons...
Avant de recourir à un architecte, il y a lieu de s'assurer qu'il dispose d'une assurance professionnelle et de vérifier les limites des dommages couverts par cette assurance. Il en est de même pour un constructeur ou un maître d'œuvre d'exécution.
Cette police d'assurance est en général très répandue chez les acteurs de la construction au Sénégal du moins chez ceux qui, en général, soumissionnent au niveau des appels d'offres publics car il s'agit d'une condition obligatoire pour se voir attribuer des marchés de travaux ou des contrats de prestations de services d'ingénierie.
Ensuite, il y a l'assurance dommage-ouvrage. Elle permet, sur une période de 10 ans, en cas de dommages rendant l'ouvrage impropre à sa destination, le paiement rapide des travaux de réparation sans attendre qu'un tribunal détermine les responsabilités des uns et des autres.
Cette obligation est traitée dans l'article L30 du Code de la construction qui précise que « toute personne physique ou morale, agissant en qualité de propriétaire de l'ouvrage, de vendeur ou de mandataire du propriétaire de l'ouvrage, fait réaliser des travaux de bâtiment, doit souscrire avant l'ouverture du chantier, pour son compte ou pour celui des propriétaires successifs, une assurance garantissant, en dehors de toute recherche des responsabilités, le paiement des travaux de réparation des dommages de la nature de ceux dont sont

responsables les constructeurs… les fabricants et importateurs ou le contrôleur technique … ».

L'article L32 Code de la construction restreint le champ d'application de cet article aux seuls immeubles d'habitation soumis à un contrôle technique, donc ceux comportant au moins trois niveaux d'étages sur un rez-de-chaussée (R+3 et plus).

Le contrôleur technique est une personne morale ou physique mandatée sur un projet de construction pour vérifier si toutes les dispositions réglementaires nécessaires au bon déroulement de l'opération ont été prises, lors de la conception ou de la réalisation.

En d'autres termes, il est en charge de vérifier si les règles de l'art sont respectées dans le projet, avant de donner son visa pour exécution des travaux.

On peut définir les règles de l'art comme l'ensemble des normes et usages professionnels appliqués par les hommes de l'art dans un pays.

Cet article L32 du Code de la construction permet à la majorité des habitations d'être dispensée de cette obligation d'assurance dommage-ouvrage.

Dans la pratique, on se rend compte que dans la majorité des cas, cette disposition n'est même pas respectée pour des immeubles supérieurs à R+3.

Des sanctions sont pourtant prévues en cas de non-respect de cette disposition. Elles vont d'une amende de 500.000 F CFA à 1.000 000 F CFA à un emprisonnement d'un à deux mois d'emprisonnement.

En cas de récidive, la peine d'amende est portée à 2.000 000 F CFA[72] et l'emprisonnement à deux mois[73].

---

[72] 1 EUR = 655,957 F CFA
[73] Article R199 du Code de la construction

Il faudra veiller à rendre effective cette disposition si on veut assainir et professionnaliser le marché de la construction au Sénégal.

Je dirais même qu'il faudrait la rendre obligatoire à tout ouvrage de construction en commençant par la petite maison individuelle.

Grâce à cette mesure, on peut s'attendre à ce que les compagnies d'assurance qui seront chargées de délivrer cette police dommage-ouvrage, soient obligées de vérifier et contrôler les conditions d'exécution des immeubles assurés.

Elles seront en effet, tout naturellement tenues s'assurer que les ouvrages seront construits et suivis par des organismes qualifiés, avec des assurances professionnelles et contrôlés par des « bureaux de contrôle » agréés.

Une absence de contrôle pouvant les exposer à des risques très importants, les compagnies d'assurance exigeront vraisemblablement que les acteurs engagés dans la réalisation de l'ouvrage soient qualifiés et assurés.

Pour s'assurer de la souscription par le maître d'ouvrage d'une police « dommage-ouvrage », il conviendrait :

i. de les obliger à la transmettre à l'administration dans les 2 mois suivant la délivrance d'un permis de construire.
ii. d'imposer aux notaires de la réclamer lors des cessions immobilières.
iii. de mettre en place des mesures coercitives en cas de défaut d'assurance.

Enfin, il y a l'assurance tous risques chantier.

C'est une assurance qui couvre le maître d'ouvrage sur les risques de dommages accidentels causés à la construction pendant la phase chantier.

Elle doit être souscrite par le maître d'ouvrage avant le démarrage des travaux. Il faudra rendre cette assurance obligatoire au moins pour les chantiers d'une certaine taille.

Sur un autre registre, face aux sinistres récurrents dans les immeubles de logements collectifs, il faudrait commencer à promouvoir la mise en place de polices d'assurance habitation.

Du contrôle technique des bâtiments et de la responsabilisation des acteurs

En 2015, 225 bâtiments se sont effondrés et ont causé la mort de 13 personnes[74]. Cette situation est due au manque de qualification des acteurs mais aussi et surtout au non-respect des règles qui régissent le monde du bâtiment. Les contrôleurs techniques qui sont censés vérifier le respect des dispositions en matière de solidité et sécurité dans les bâtiments sont le plus souvent absents du processus de conception et de construction des immeubles.

Le Code de la construction n'oblige les maîtres d'ouvrage à recourir à un contrôleur technique que pour la construction d'immeubles comportant au moins trois niveaux d'étages sur un rez-de-chaussée.

Dans la pratique, cette obligation n'est même pas respectée. Beaucoup d'immeubles de R+4 et plus se construisent sans la présence d'un « bureau de contrôle ».

Cela a pour conséquence le non-respect des normes de construction et donc l'absence d'ouvrages de qualité.

Aucune vérification n'est faite par l'administration pour s'assurer de la présence d'un « bureau de contrôle » dans le processus de construction des immeubles.

L'État devrait commencer par se donner les moyens de contrôle afin de faire respecter cette règle.

Pour cela, il pourrait imposer lors du dépôt du permis de construire, la fourniture d'un document prouvant le respect des

---

[74] Rapport de la Direction de la Protection Civile publié le 1er Mars 2016 lors de la journée mondiale de protection civile. Source Agence Presse Sénégalaise - APS

normes de construction par un contrôleur technique comme je l'ai proposé dans le chapitre « Un ouvrage, un permis de construire ! ».

Les compagnies d'assurance, les banques et notaires pourraient servir de levier pour faire respecter cette disposition.

Comme énoncé plus haut, rendre obligatoire l'assurance dommage-ouvrage pour tout type d'immeubles habitats collectifs et toutes les maisons individuelles, inciterait sans aucun doute les compagnies d'assurance à exiger qu'un contrôleur technique soit désigné avant de fournir leur garantie.

En imposant aux banques de s'assurer de la fourniture d'une assurance dommage-ouvrage et de la présence d'un contrôleur technique avant de financer les opérations, on crée un levier de contrôle de plus. Il devrait en être de même pour les permis de construire.

En imposant aux notaires de vérifier l'existence d'une assurance dommage-ouvrage, d'un permis de construire, d'une attestation de conformité le cas échéant et de vérifier leur authenticité avant de procéder à toute transaction immobilière, on crée un levier de contrôle de plus.

La responsabilité des banques, assureurs, notaires et constructeurs devrait être engagée au même titre que celles des maîtres d'ouvrage, en cas de non-respect des dispositions règlementaires.

Pour boucler le mécanisme de surveillance du processus, la déclaration d'achèvement de travaux en vue de la délivrance d'un certificat de conformité par l'administration devrait être accompagnée d'une attestation produite par un contrôleur technique prouvant que l'immeuble a été construit en respectant les normes et règlements en vigueur. C'est en partie le cas en France où, lors de la déclaration d'achèvement de travaux en vue d'obtenir le certificat de conformité, on est obligé de fournir une attestation du « bureau de contrôle » prouvant que le bâtiment respecte les règles liées à l'accessibilité des personnes à mobilité réduites, celles liées aux constructions parasismiques et celles liées à la règlementation thermique en matière d'isolation et de consommation énergétique.

En exigeant la production de ce certificat de conformité avant tout raccordement en électricité ou en eau d'un immeuble collectif ou d'une maison individuelle, on vient s'assurer que le système est verrouillé pour éviter tout risque de dérapage.

Il est invraisemblable que quiconque puisse franchir tous ces leviers de contrôle sans respecter la loi, car il y a peu de chances que tous les acteurs engagés dans ce processus soient concomitamment défaillants: le maître d'ouvrage (promoteurs immobiliers ou particuliers), le notaire, l'administration publique ; la compagnie d'assurance, le contrôleur technique, la banque, l'architecte et l'entrepreneur et les compagnies de fourniture d'électricité (SENELEC) et en eau (SDE).

En engageant leur responsabilité pénale au même titre que le maître d'ouvrage, on limite les risques de défaillance au seul maître d'ouvrage qui construirait un immeuble sur ses fonds propres, encore que même dans ce cas, j'ai proposé plus haut que la globalité des fonds liés au financement de la construction soit exigée et déposée sur un compte séquestre lors du dépôt de permis de construire.

Comme vous pouvez le voir, il existe des solutions et des dispositifs permettant de mieux réguler le secteur de la construction, il suffit d'avoir le courage de les instituer..

De la mise en place des normes de construction

En parallèle, il faudrait dans un avenir proche essayer de se doter des documents de référence visant à édicter les règles de construction propres à notre pays ou à la sous-région

De l'encadrement du monde de la construction

(CEDEAO) car qui dit « contrôle technique » dit « normes de construction ».

Il se trouve qu'aujourd'hui au Sénégal, les normes techniques sont le plus souvent inexistantes, là où dans les pays développés ces normes de construction sont complètes et accessibles à tous.

En 2012, l'Association Sénégalaise de Normalisation recensait 62 normes établies dans le secteur du Génie civil.

Ces normes traitaient principalement de la codification des dessins d'architecture, de bâtiment et de Génie civil, des liants hydrauliques et armatures, des blocs de terre comprimés, de l'accessibilité des bâtiments aux personnes à mobilité réduite.

En plus d'être incomplètes, elles présentent la tare de ne pas être facilement accessibles..

Le chemin pour normaliser tous les matériaux de construction et toutes les méthodes d'exécution des travaux sera long mais il se suffit d'un vrai engagement des pouvoirs publics.

En attendant, pour combler le vide, les acteurs de la construction font systématiquement référence aux normes françaises pour essayer de se retrouver dans ce métier qui ne saurait exister sans cadre règlementaire.

L'Association Sénégalaise de Normalisation et les organes de l'État en charge de la construction devraient être les moteurs de ce projet, afin d'essayer d'obtenir les financements nécessaires pour finir le travail d'établissement des normes et surtout être en mesure de les mettre gratuitement à la disposition des acteurs de la construction. Cela est une nécessité.

Des contrats de construction de maisons individuelles ou d'immeubles

Le nouveau Code de la construction a créé des obligations pour la construction de maisons individuelles, d'immeubles d'habitation et de bureaux. Ces obligations sont traitées à travers deux outils qui sont le Contrat de Constructions de Maisons Individuelles et le Contrat de Promotion Immobilière.

Elles visent principalement à protéger les personnes voulant se faire construire un immeuble ou une maison individuelle mais elles sont malheureusement méconnues du grand public et de ce fait, elles ne sont pas toujours respectées par les constructeurs sans qu'aucune sanction ne pèse sur eux.

De la vulgarisation des dispositions règlementaires dans les marchés de travaux entre les parties contractantes

La plupart des maisons individuelles qui se construisent au Sénégal le sont malheureusement sans marchés de travaux, alors pourtant que la loi impose l'établissement d'un contrat entre le constructeur et le maître d'ouvrage[75].

Cette situation ne participe pas à l'assainissement du secteur de la construction, elle le place plutôt et malheureusement parmi les secteurs les plus informels du pays.

On ne peut que le regretter, au regard de la place prépondérante du secteur de la construction dans ce pays où beaucoup font leur, ce slogan : « quand le bâtiment va, tout va ».

---

[75] Article L106 du Code de Construction

L'absence de formalisation des contrats de travaux crée un risque juridique important tant pour les constructeurs que pour les maîtres d'ouvrage.

Une campagne de vulgarisation des exigences en la matière permettrait aux populations de mieux connaître les obligations car, comme je l'ai dit plus haut, la législation est vraiment méconnue du grand public.

À côté de cette campagne de vulgarisation, il faudrait aussi réfléchir à la mise en place d'outils facilitant la compréhension et la prise en compte des dispositions pertinentes du Code de la construction.

Le contrat de construction de maisons individuelles doit comporter un certain nombre de points[76] qui ne sont pas très évidents pour les profanes, alors pourtant qu'ils sont autant de moyens pour le législateur, d'encadrer les rapports entre les différentes parties engagées dans la construction d'un ouvrage de bâtiment. Cela se traduit par l'obligation de préciser dans le contrat :

i. la désignation du terrain destiné à l'implantation de la construction, avec le titre de propriété du maître de l'ouvrage ou l'état des droits réels lui permettant de construire ;

ii. la confirmation du respect des règles de construction prescrites dans les Codes de la construction et de l'urbanisme ;

iii. le coût du bâtiment à construire, égal à la somme du prix convenu et, s'il y a lieu, du coût des travaux dont le maître de l'ouvrage se réserve l'exécution. Le prix convenu s'entend du prix global défini au contrat éventuellement révisé.

---

[76] Article L107 du Code de la Construction

iv. les modalités de règlement en fonction de l'état d'avancement des travaux ; en aucun cas il ne doit dépasser les limites suivantes:
- 15% à l'ouverture du chantier, pourcentage incluant éventuellement le dépôt de garantie;
- 25% à l'achèvement des fondations ;
- 40% à l'achèvement des murs ;
- 60% à la mise hors d'eau ;
- 75% à l'achèvement des cloisons et à la mise hors d'air ;
- 95% à l'achèvement des travaux d'équipement, de plomberie, de menuiserie.
- Le paiement du solde se fait comme suit :
    Si lors de la remise des clés, le client est assisté par un professionnel de la construction, il est tenu de payer la totalité du solde si aucune réserve n'a été signalée dans le procès-verbal de livraison. Dans le cas contraire, le paiement du solde est dû à la levée des réserves.
    Si lors de remise des clés, le client ne se fait pas accompagner par un professionnel, le paiement du solde doit avoir lieu dans les huit jours qui suivent cette remise des clés, si aucune réserve n'a été formulée, ou, si des réserves ont été formulées, à la levée de celles-ci.
    Dans le cas où des réserves sont formulées, une somme au plus égale à 5% du prix convenu est, jusqu'à la levée des réserves, consignée entre les mains d'un consignataire accepté par les deux parties

ou, à défaut, désigné par le Président de la juridiction compétente.
En aucun cas, le constructeur ne doit empêcher la prise de possession des lieux par son client.

v. les permis de construire et les autres autorisations administratives, dont une copie est annexée au contrat ;
vi. la date d'ouverture du chantier, le délai d'exécution des travaux et les pénalités prévues en cas de retard de livraison ;
vii. la référence de l'assurance de dommages souscrite par le maître de l'ouvrage ou le constructeur;

Le constructeur est tenu de remettre à l'acquéreur une caution de remboursement établie par un établissement de crédit ou une entreprise d'assurance pour toutes les sommes réclamées avant l'ouverture du chantier. Cette caution peut entrer en jeu dans les cas où :

i. le contrat n'aurait pas été exécuté, faute de réalisation des conditions suspensives dans le délai prévu ;
ii. le chantier n'aurait pas été ouvert à la date convenue ;
iii. l'acquéreur exercerait sa faculté de rétractation.

La loi engage la responsabilité des organismes de crédit et impose à ces derniers de vérifier l'existence des dispositifs légaux ci-dessus dans le contrat de construction de maisons individuelles, avant l'établissement d'une offre de prêt.[77]

Il leur est interdit de débloquer des fonds pour le paiement de travaux à un constructeur, sans l'assurance de l'existence d'une garantie d'achèvement.

Des pénalités de retard sur le délai convenu sont prévues par la loi. Elles sont susceptibles d'être réclamées par les clients et ne

---

[77] Article L111 du Code de la Construction

peuvent pas être inférieures à 1/5000ᵉ du prix convenu, par jour de retard.
De même, le constructeur peut exiger la stipulation de pénalités de retard de paiement dont le taux ne peut toutefois excéder 1% par mois, calculé sur les sommes non réglées dans le cas où les pénalités pour retard de livraison sont limitées à 1/5000ᵉ du prix par jour de retard dans le contrat[78].
Des mesures visant à protéger également les constructeurs des défauts de paiement du maître d'ouvrage doivent aussi être imaginées. La fourniture d'une attestation de prêt ou d'une garantie de paiement permettrait aux entreprises de s'assurer du paiement des travaux qu'ils engagent pour le compte de leurs clients.
Le contrat doit comporter en annexe :
  i. les plans de la construction à édifier, précisant les travaux d'adaptation au sol, les coupes et élévations, les côtes utiles et l'indication des surfaces de chacune des pièces, des dégagements et des dépendances. Les plans doivent indiquer les raccordements aux réseaux divers (électricité, assainissements, alimentation en eau, téléphone...)
  ii. une notice descriptive indiquant les prestations et équipements techniques indispensables à l'implantation de la construction et à son utilisation.
À côté du contrat de construction de maison individuelle, le Code de la construction a aussi introduit des dispositions pour un autre type de contrat appelé contrat de promotion immobilière.
Le contrat de promotion immobilière est un contrat par lequel une personne s'oblige envers un maître de l'ouvrage à faire procéder à la construction d'un immeuble d'habitation ou d'un immeuble à usage professionnel et d'habitations, en une qualité autre que celle de vendeur.

---

[78] Article R167 du Code de la Construction

Des contrats de construction de maisons individuelles ou d'immeubles

Les principes restent les mêmes que pour la construction de maisons individuelles.

Vers la mise en place de contrat type pour mieux encadrer l'acte de construire

Comme vous avez pu le constater, les textes qui définissent les rapports entre les constructeurs et leurs clients sont très clairement définis dans la législation sénégalaise mais le problème majeur reste leur méconnaissance et leur non prise en compte pour des maîtres d'ouvrages souvent non-professionnels. Afin de mieux les accompagner dans leur intention de construire, il faudrait aller vers la création de contrats type de construction, l'idée étant de mettre à la disposition du grand public des outils pratiques, garantissant le respect des Codes de l'urbanisme et de la construction.

Ce contrat type devra être conçu fait sous forme de formulaire, de sorte à intégrer les dispositions de la loi, comme par exemple :

i. Les références cadastrales du terrain et la preuve de propriété.
ii. Les références du permis de construire.
iii. Le modèle de marché, à prix global et forfaitaire ou à prix unitaire.
iv. Le prix, son caractère ferme, définitif, actualisable ou révisable.
v. L'existence d'une notice descriptive détaillant les caractéristiques techniques de l'ouvrage. Un modèle de notice descriptive détaillée doit être élaboré en conséquence.
vi. Les conditions de paiements qui sont encadrées par la législation en fonction de l'avancement des travaux, l'idée étant de ne pas payer plus que ce qui est dû. La possibilité de consigner 5% lors d'une réception avec réserves.

Des contrats de construction de maisons individuelles ou d'immeubles

vii. L'obligation pour le constructeur de fournir une garantie d'achèvement et de remboursement.
viii. La durée d'exécution du chantier.
ix. Les pénalités de retard prévues qui ne peuvent être inférieures à 1/5000ᵉ du prix, par jour de retard.
x. La référence de l'assurance de dommages souscrite par le maître de l'ouvrage ou le constructeur;

Cette liste n'est pas exhaustive.
Le contrat type pourrait en outre être joint à l'arrêté de délivrance du permis de construire.
De telles mesures visant à encadrer les rapports entre les différents acteurs favorisent une bonne dynamique du secteur de la construction et nous devons sans tarder essayer de les mettre en œuvre.

De la vente d'immeubles à construire

Les scandales liés à la mise en vente de logements neufs sont monnaie courante au Sénégal. Beaucoup de ménages se retrouvent floués par des promoteurs immobiliers véreux qui n'hésitent pas à arnaquer des personnes souhaitant se porter acquéreurs d'un bien dans un « soi-disant » futur programme immobilier qu'ils ne verront malheureusement jamais.

Pourtant, comme pour les contrats de constructions, la vente de logements neufs sur plan est bien encadrée et les dispositions prévues dans la loi permettent de protéger les acquéreurs. Il y a malheureusement une vraie méconnaissance des lois et certains promoteurs immobiliers en profitent pour s'enrichir sans cause avec l'argent d'honnêtes citoyens qui, assez souvent investissent les économies de toute leur vie dans ces projets. Il est donc urgent que l'État prenne des mesures pour régler ce problème.

Lutter contre les promoteurs immobiliers véreux
Les victimes d'escroquerie foncière et immobilière se sont regroupées en 2015 pour lancer la Fédération Nationale des Victimes des Promoteurs Immobiliers.

Environ 7000 clients seraient victimes des promoteurs immobiliers tels que AGIR IMMO, NAMORA et SOVAC et le montant de l'escroquerie porterait sur plusieurs milliards de Francs CFA. Des conflits qui, parfois, durent des années, sans qu'il y ait un début de réparation des préjudices.

La première des mesures, sans doute la plus simple, serait de vulgariser les dispositions prévues par la loi en matière de vente

de logements neufs sur plan et de prévoir de lourdes sanctions contre les promoteurs immobiliers qui ne les respecteraient pas.
Ces dispositions sont précisées dans le Code de la construction, à travers le contrat de vente d'immeubles à construire.
La vente d'immeubles à construire est le contrat qui lie un promoteur immobilier et un maître d'ouvrage pour l'acquisition d'un logement. Le vendeur s'engage à édifier et à céder un logement dans un délai bien déterminé et dans des conditions fixées dans le contrat.
Il peut être effectué sous 2 formes :
    i.   la vente en état futur d'achèvement (VEFA).
    ii.   ou la vente à terme.
Dans le cadre d'une vente en état futur d'achèvement (VEFA), le logement est livré à son achèvement et l'acquéreur s'engage à payer le prix convenu au fur et à mesure de l'avancement des travaux. Les ouvrages deviennent la propriété de l'acquéreur au fur et à mesure de leur exécution.
Dans le cadre d'une vente à terme, le vendeur s'engage aussi à livrer le logement à son achèvement, mais l'acheteur s'engage à en prendre livraison et à n'en payer le prix qu'à la date de livraison.
Le transfert de propriété s'opère de plein droit par la constatation par acte authentique[79] de l'achèvement de l'immeuble.

De la conclusion des ventes de logements avec un promoteur immobilier

L'article L132 du Code de la construction précise que dans les 2 cas, le contrat de vente d'immeubles à construire (vente d'un logement sur plan) doit être conclu par acte authentique.

---

[79] Un « acte authentique » également appelé « acte notarié » est un contrat établi par un notaire.

La signature de l'acte authentique est précédée par la signature d'un contrat préliminaire (ou contrat de réservation) dans lequel le vendeur s'engage à réserver à un acheteur un immeuble ou une partie d'immeuble, en contrepartie d'un dépôt de garantie effectué sur un compte spécial.

Le contrat de réservation doit indiquer la surface habitable approximative du logement et le nombre de pièces.

Il comporte une note technique sommaire qui détaille les prestations et les équipements du lot réservé, mais aussi ceux des parties communes générales.

Le contrat de réservation doit être écrit et un exemplaire remis au réservataire. Il doit obligatoirement indiquer :

i. Le prix prévisionnel de vente, les modalités de paiement et, le cas échéant, les modalités de révision
ii. la date à laquelle la vente pourra être conclue
iii. Les conditions d'achat du bien (avec ou sans prêt)

L'acquéreur non professionnel dispose d'un délai de 7 jours pour se rétracter d'un contrat de réservation.

Lors de la signature de ce contrat, le montant du dépôt de garantie ne peut excéder 5% du prix prévisionnel de vente, si le délai de réalisation de la vente n'excède pas un an.

En d'autres termes, si la signature du contrat notarié du logement se fait dans l'année suivant la signature du contrat de réservation, le montant du dépôt de garantie ne peut être supérieur à 5% du prix du logement. Ce pourcentage est limité à 2%, si le délai est compris entre un et deux ans. Par contre, aucun dépôt ne peut être exigé si ce délai excède deux ans.

Le dépôt de garantie est fait sur un compte spécial ouvert au nom du réservataire dans une banque ou un établissement spécialement habilité à cet effet ou chez un notaire.

Les dépôts des réservataires des différents logements composant un même immeuble ou un même ensemble immobilier peuvent

être groupés dans un compte unique spécial, comportant une rubrique par réservataire.
Le dépôt de garantie est restitué, sans retenue ni pénalité, au réservataire :
  i. si le contrat de vente n'est pas conclu du fait du vendeur dans le délai prévu au contrat préliminaire;
  ii. si le prix de vente excède de plus de 5% le prix prévisionnel, révisé le cas échéant conformément aux dispositions du contrat préliminaire.
  iii. si le ou les prêts prévus au contrat préliminaire ne sont pas obtenus ou transmis ou si leur montant est inférieur de 10% aux prévisions dudit contrat;
  iv. si l'un des éléments d'équipements prévus au contrat préliminaire ne doit pas être réalisé;
  v. si l'immeuble ou la partie d'immeuble ayant fait l'objet du contrat présente dans sa consistance ou dans la qualité des ouvrages prévus une réduction de valeur supérieure à 10%.

Si toutes les conditions suspensives sont levées, le promoteur immobilier doit notifier au réservataire le projet d'acte de vente un mois au moins avant la signature de cet acte.
Le promoteur immobilier ne peut exiger, ni accepter un quelconque versement ou dépôt avant la signature du contrat.
Ce contrat d'acte de vente doit comporter :
  i. la description du bien vendu,
  ii. le prix de vente et les modalités de paiement.
     Il doit préciser si le prix est révisable et les modalités de révision. Les paiements ou dépôts dans le cadre d'une vente d'immeubles à construire ne peuvent pas dépasser :
       - 35% du prix, à l'achèvement des fondations ;
       - 70% du prix, à la mise hors d'eau ;
       - 95% du prix, à l'achèvement de l'immeuble.
  iii. le délai de livraison.

iv. la garantie d'achèvement ou de remboursement des versements effectués dans le cadre d'une vente en l'état futur d'achèvement
v. les annexes précisant les indications utiles relatives à la consistance et aux caractéristiques techniques de l'immeuble.
vi. Le règlement de copropriété qui lui aura été probablement communiqué.

De la garantie d'achèvement

Lors de la vente d'un logement sur plan par un promoteur immobilier, ce dernier est tenu de fournir aux acquéreurs, une garantie d'achèvement ou de remboursement des sommes versées, dont la finalité est de les protéger contre les risques de faillite du promoteur. Cette garantie peut être une garantie dite extrinsèque ou intrinsèque.

La garantie extrinsèque revêt la forme d'une caution. Dans ce cas, une banque s'oblige envers l'acquéreur, solidairement avec le vendeur, à payer les sommes nécessaires à l'achèvement de l'immeuble, en cas de faillite du promoteur.

La garantie intrinsèque, quant à elle, est réputée obtenue dans un des cas suivants :

i. l'immeuble est mis hors d'eau et n'est grevé d'aucun privilège ou hypothèque;
ii. les fondations sont achevées et le financement de l'immeuble ou des immeubles compris dans un même programme est assuré à concurrence de 75% du prix de vente prévu.

Les fonds qui peuvent être pris en compte pour justifier du financement de 75% sont ceux provenant des moyens propres au vendeur, des montants du prix des réservations déjà conclues, des crédits confirmés par des banques ou des établissements financiers habilités à faire des opérations de crédit immobilier, déduction faite des prêts transférables aux acquéreurs des logements déjà vendus.

Elle est réputée être obtenue pour les sociétés d'économie mixte de construction agréées à cet effet par le ministre chargé du commerce et le ministre chargé de la construction et détenue par une collectivité locale pour au moins 35% du capital social.

Elle est réputée être obtenue également dans le cas de la vente d'une maison individuelle dont les fondations sont terminées et dont les versements prévus n'excèdent pas au total :

i. 25% du prix à l'achèvement des fondations,
ii. 45% à la mise hors d'eau ;
iii. 85% à l'achèvement de la maison ;
iv. Le solde est payé ou consigné en cas de contestation de la conformité.

Lorsque la maison fait partie d'un ensemble de plus de 20 lots et que sa réception implique celle d'équipements extérieurs communs, le bénéfice des dispositions ci-dessus du présent article est subordonné, soit à la réalisation préalable des équipements nécessaires, soit à l'existence pour ces derniers de la garantie d'achèvement extrinsèque.

La garantie résultant des conditions propres à l'opération, c'est-à-dire celle dite intrinsèque est moins sécurisante que la garantie extrinsèque car dans le cas de cette dernière, on est en présence d'un garant (un établissement financier) qui est tenu d'achever l'immeuble ou de rembourser les fonds déjà versés en cas de défaillance du vendeur.

Le notaire est tenu de vérifier que toutes les conditions liées à une garantie d'achèvement intrinsèque sont réunies, avant de faire signer les actes de vente.

De la vente d'immeubles à construire

Le solde est payable à la mise à disposition du logement mais il peut être consigné en cas de contestation sur la conformité de travaux.

Comme vous le voyez, les textes sont assez clairs, mais ils ne sont malheureusement pas très connus. Afin de vulgariser les dispositions règlementaires dans le domaine du logement, des agences locales pour l'habitat devraient être créées à l'échelle du pays. Leur but pourrait être d'accompagner les acteurs, en leur prodiguant les bons conseils sur le plan juridique, administratif et financier, sur toutes les démarches liées au logement.

De l'encadrement du secteur foncier et du marché du logement

Quand on essaye de comprendre le régime foncier sénégalais, l'on se rend très vite compte de sa complexité, tant il s'agit d'une série de textes décousus prenant leur origine, le plus souvent, dans l'époque coloniale.
Face à cet imbroglio, se crée un marché complexe, flou, avec beaucoup d'irrégularités et l'on comprend pourquoi aucun gouvernement n'a vraiment osé s'y attaquer depuis des années.
Le gouvernement actuel a mis en place une commission pour réfléchir sur la question foncière car la situation actuelle est à la fois illisible et anarchique.
Il y a tout d'abord ces notions de domaine national, de domaine de l'État et de domaine privé..
Parallèlement, on a les notions de permis d'habiter, de permis d'occuper, d'autorisation d'occupation, d'autorisation d'occuper, d'affectation et de désaffectation.

De la suppression du principe d'affectation
Il faudrait supprimer le principe d'affectation et aller vers un système de mise en concurrence pour l'octroi des terres.
L'affectation est le système qui permet à l'administration d'attribuer une parcelle du domaine national à un particulier ou un groupe de particuliers.
Cette affectation est le plus souvent faite dans des conditions douteuses. Il faudrait tout simplement aller vers un système d'appel d'offres et de mise en concurrence.

De l'encadrement du secteur foncier et du marché du logement

En d'autres termes, l'attribution d'un foncier en vue de son aménagement doit se faire à la suite d'une mise en concurrence et d'une publicité, suivant un cahier des charges.

Il faudrait très rapidement revoir les procédures d'attribution des parcelles par l'État ou par les collectivités locales qui n'honorent pas une grande démocratie.

De la baisse significative des frais de notaire et du droit d'enregistrement

Lors de l'achat d'un bien immobilier, la loi exige de passer devant un notaire dans le but de vérifier un certain nombre d'informations visant à protéger les acheteurs des abus que l'on connaît dans le secteur.

Il s'agit, pour le notaire, de s'assurer que le bien immobilier n'est grevé d'aucune charge (hypothèques, servitudes ou privilèges) ou tout simplement que le vendeur dispose bel et bien d'un titre de propriété.

Ces informations sont contenues dans un document appelé « état des droits réels » disponible à la Conservation foncière.

La signature de l'acte authentique chez le notaire donne lieu au paiement de taxes qui poussent les gens à choisir de ne pas passer par un notaire ou tout simplement à sous-estimer la valeur du bien, car le montant de ces taxes en dépend.

Ces taxes sont composées :
   i.   d'un droit d'enregistrement et de mutation de 5% de la valeur du bien
   ii. d'honoraires ou frais de notaires qui varient en fonction de la valeur du bien :
      - 4,5% si la valeur du bien est comprise entre 1 et 20 millions de F CFA
      - de 3% entre 20 et 80 millions de F CFA
      - 1,5% entre 80 et 300 millions de F CFA

- et 0,75% au-delà de 300 millions de F CFA
iii. d'un droit de publicité foncière de 0,8% de la valeur du bien

L'ensemble de ces taxes peut donc être compris entre 6,55% et 10,3%, en fonction de la valeur du bien. À cela s'ajoute la taxe sur la valeur ajoutée au taux de 18%.

Jusqu'en 2012, ces taxes pouvaient aller jusqu'à 17,5% mais les droits d'enregistrement et de mutation ont été ramenés de 15% à 10% en janvier 2013 puis à 5% depuis mars 2015. Ce qui est une très bonne chose, mais je pense que si l'on veut pousser les gens à toujours passer devant un notaire lors de la vente d'un bien immobilier, il faut aller encore plus loin, en limitant l'ensemble des taxes à payer dans des valeurs comprises entre 2 et 5%.

Cela passe par baisser davantage les droits d'enregistrement, de mutation et de publicité, mais aussi plafonner le montant des honoraires des notaires, car rien ne justifie d'indexer ce montant à la valeur du bien. La charge de travail restant la même, quelle que soit la valeur du bien, il est donc normal et compréhensible d'aller vers la forfaitisation des honoraires des notaires.

De la détermination des zones à risques

Acheter un bien immobilier au Sénégal est un processus compliqué pour une personne n'ayant aucune connaissance en droit de l'urbanisme ou foncier. Les personnes désirant acquérir un bien se retrouvent le plus souvent face à un manque d'informations sur les risques naturels auxquels le bien qu'elles souhaitent acheter peut être exposé.

Et pourtant, il serait utile de pouvoir disposer de toutes ces informations avant de passer à l'acte. L'établissement d'un document identifiant toutes les zones à risques est devenu une nécessité car cela permettrait de mieux protéger les acquéreurs ou locataires de biens immobiliers.

C'est d'autant plus nécessaire qu'un permis de construire est susceptible d'être refusé, si le terrain sur lequel la construction est projetée est situé dans une zone à risques[80].

L'absence d'un tel document expose les personnes qui ont acheté un terrain et qui souhaitent y construire un immeuble, à un risque de refus d'autorisation de construire, au motif logique et compréhensible que le terrain dont elles se sont portées acquéreur se trouve dans une zone à risques.

Il est nécessaire donc que l'État mette en place un outil permettant d'identifier, à l'échelle d'une commune ou d'un département, les zones où des risques naturels, technologiques et miniers sont connus.

Ce document devrait être mis à la disposition du public et même faire partie intégrante des documents contractuels à fournir lors de toutes transactions immobilières, afin d'informer les acquéreurs sur les risques connus sur le bien.

Cela permettrait de connaitre les risques qui sont rattachés à chaque bien immobilier et donc de mieux estimer leur valeur.

C'est le cas en France et ce document porte le nom de Plan de Prévention des Risques. Il fait partie intégrante des documents d'urbanisme et est intégré dans le plan local d'urbanisme (PLU)[81] de chaque commune.

Il est composé d'une note de présentation, de documents graphiques et d'un règlement. Il est mis à la disposition du public et est consultable par tout le monde à tout moment.

Lors de la vente ou de la location, un état des risques est remis à l'acquéreur ou au locataire, à titre informatif, faute de quoi l'un et

---

[80] Article R218 du Code de l'urbanisme
[81] Le plan local d'urbanisme (PLU) est le document stratégique qui règlemente l'aménagement de l'espace et les constructions dans une commune ou une communauté de communes.

De l'encadrement du secteur foncier et du marché du logement

l'autre peuvent prétendre soit à la résolution du contrat[82], soit à une diminution du prix.

Le plan de prévention des risques permet de définir les zones à risques en fonction de leur nature (inondations, glissement de terrain, érosion marine...).

Ces risques naturels, technologiques et miniers menacent les populations, leur bien et le développement économique des régions, d'où l'importance de ce plan de prévention.

Dans le cadre des sinistres constatés lors des inondations au Sénégal, l'on entend souvent dire que ce sont les populations qui seraient venues s'installer, de leur propre gré, dans des zones déjà inondables. De ce fait, l'État ne se sent pas du tout responsable de cet état de fait.

Je trouve cette réaction « irresponsable » de la part des autorités car si le caractère inondable de certaines localités était connu, il aurait fallu tout simplement y interdire toute installation d'immeubles et tout investissement dans le but de protéger les citoyens. Puisqu' y n'a eu aucune information de la part de l'État sur le caractère inondable de ces localités. Et que, plus grave l'État a laissé les populations s'y installer, force est de conclure qu'il a failli dans son rôle de protecteur.

Beaucoup de personnes se voient aujourd'hui contraintes d'abandonner leur maison achetée en bordure de mer, à cause de la forte érosion marine.

Si un document recensant toutes les zones exposées à ce risque était élaboré et mis à la disposition du grand public, beaucoup de personnes auraient renoncé à leur achat.

Il est urgent que les services compétents de l'État s'attellent à l'élaboration d'un cadre légal permettant de définir les modalités de mise en place de tels plans à l'élaboration desquels, il conviendra, bien évidemment, d'associer les collectivités locales,

---

[82] La résolution d'un contrat est le fait d'annuler

même si l'Etat doit en rester le principal instigateur. Les collectivités locales devraient, après élaboration des plans de prévention, adapter le développement économique et urbain de leur territoire, en intégrant les zones à risque identifiées.

Tout cela participera à l'émergence d'une meilleure clarté dans le secteur foncier qui, jusqu'à présent, est dans un flou sans nom.

Des outils de mesure de l'activité de la construction

Par ailleurs, pour une meilleure visibilité du marché, il faudrait être en mesure de fournir également des statistiques sur le secteur de la construction. Il s'agit de produire des analyses périodiques sur le marché du logement individuel et collectif, aussi bien dans le « neuf » que dans l'« ancien ».

Il est important de pouvoir déterminer sur une période bien déterminée un certain nombre de statistiques dont les plus importantes sont :

i. La production de logements
ii. Le nombre de logements mis à l'offre
iii. Le nombre de logements vendus
iv. Le nombre de logements en stock
v. Le taux d'écoulement des logements

Ces statistiques devront, bien évidemment, se faire par typologie[83] de logement, aussi bien dans le neuf que dans l'ancien, et par secteur géographique.

Dans le même registre, il est nécessaire de fournir des statistiques sur les taux des crédits immobiliers et sur le prix des logements en établissant de façon périodique :

i. Des analyses sectorielles sur la valeur moyenne des taux des crédits immobiliers accordés par les banques. Cela permettra de créer plus de concurrence entre les banques

---

[83] La typologie fait référence au nombre pièces du logement (Studio, T1, T2, T3…)

De l'encadrement du secteur foncier et du marché du logement

       au bénéfice des ménages, car la connaissance des taux moyens sur 5 ans, 10 ans, 15 ans, 20 ans, 25 ans, 30 ans leur permettra de mieux négocier leur crédit.
ii. Des analyses sur les prix de vente moyens des logements par rapport à une surface de référence.
       Pour cela, une surface de référence à l'image de la surface habitable en France doit être définie dans le Code de l'urbanisme et de la construction.

De telles statistiques permettaient aux développeurs et promoteurs urbains de mieux appréhender le marché du logement et de mettre en place leur stratégie de développement.

Pour les ménages qui souhaitent acquérir un logement, il s'agit de leur donner toutes les informations nécessaires afin de préparer leur acquisition et de lutter contre la spéculation immobilière.

Toutes ces données devraient permettre à l'État de mieux piloter la politique du Logement et de réduire le déficit que l'on connaît dans ce secteur. En 2012, l'Agence des Nations Unies pour l'Habitat estimait ce déficit à 158 000 unités, rien que pour la région de Dakar[84].

De la bonne définition du logement social
Le logement est devenu un sujet principal dans la stratégie de croissance élaborée par les pouvoirs publics. Le Président de la République a réaffirmé l'importance du logement dans le Plan Sénégal Emergent : « le logement ne doit plus être l'apanage d'une catégorie spéciale mais plutôt considéré comme une partie intégrante du développement inclusif et solidaire en tant que facteur d'harmonie familiale et de stabilité sociale »[85].

---

[84] Rapport sur le profil du secteur du logement au Sénégal 2012 – ONU HABITAT
[85] Discours du 24 mars 2015 tenu lors du symposium « Pôles Urbains, Enjeux et Mise en Œuvre » de la Banque de l'habitat du Sénégal (Bhs) à Diamniadio.

L'État prévoit de construire des milliers de logements sociaux dans le nouveau Pôle Urbain de Diamniadio, mais il est important de redéfinir la notion de logement social, dans le but d'assainir le marché. Aujourd'hui, un logement social se définit comme un logement [86] :
  i. Construit sur un terrain de superficie comprise entre 150 et 200 m² ;
  ii. Comportant trois (3) pièces principales au plus, une cuisine, un WC et une douche séparés ou réunis dans une même pièce, avec carrelage du sol, au moins ;
  iii. Construit sur une surface libre de planchers inférieure ou égale à 60 m²
  iv. Comportant un point lumineux dans chaque pièce
  v. Avec un coût plafond de 20 millions de Francs CFA[87]

Ces critères retenus pour la définition d'un logement social excluent, de fait, la majorité des ménages sénégalais.

D'abord, le fait de limiter les logements sociaux à ceux ne comportant pas plus de 3 pièces principales (2 chambres + séjour) et ceux ne dépassant pas 60 m² de surface libre de plancher excluent toutes les familles dont le foyer est supérieur à 4 personnes. Cette situation est d'autant plus inacceptable que l'on sait que la taille moyenne des ménages est de huit personnes[88].

La petite taille des logements fait que « 47,4 % des ménages vivent dans des logements surpeuplés ».[89]

Pour lutter contre le surpeuplement dans les logements, il faudrait adapter la construction à la taille des ménages.

---

[86]
[87] 1 EUR = 655,957 F CFA
[88] Agence National de Statistique et de la Démographie du Sénégal - Recensement de la population de 2013
[89] Profil du secteur du logement au Sénégal – ONU HABITAT - 2012

Le fait de limiter les logements sociaux aux seuls appartements de moins de 60 m² ne dépassant pas trois pièces principales n'est pas en adéquation avec nos réalités. À défaut de permettre la construction de logements plus grands, il faudrait clairement assumer l'application d'une politique de limitation des naissances, mais je ne crois pas que ce soit la volonté de l'État.

Il faut se rendre à l'évidence du fait qu'on a besoin de logements plus grands pour accueillir des familles de huit personnes qui constituent la moyenne des ménages sénégalais.

De plus, le fait de définir les logements sociaux comme ceux comportant obligatoirement une cuisine, des WC, une douche et au moins un point lumineux dans chacune de ses pièces, laisse croire qu'il puisse exister des logements pouvant ne pas en comporter. La définition de l'habitabilité d'un logement doit être précisée dans le Code de la construction.

Le plafond de 20 000 000 F CFA est très élevé, compte tenu des salaires moyens de la population et cela exclut de fait la grande majorité des familles sénégalaises.

Une simulation sur le site de la Banque de l'Habitat du Sénégal d'un crédit immobilier de 20 000 000 F CFA sur 20 ans au taux de 5.5% nous donne une mensualité de 137 577 F CFA.

Les personnes intéressées doivent donc justifier d'un revenu mensuel de 412 731 F CFA pour être en adéquation avec les conditions de financement appliquées dans les secteurs bancaires, la première de ces conditions étant que le remboursement du crédit ne doit pas dépasser le tiers du revenu mensuel.

Avoir un minimum de 412 731 F CFA de revenu mensuel pour prétendre à un logement social, c'est une aberration car c'est loin d'être la réalité des familles sénégalaises. Un tel revenu mensuel représente en effet onze fois le SMIC au Sénégal et corresponde plus au salaire d'un jeune ingénieur diplômé.

Je propose que l'État redéfinisse le logement social suivant deux critères majeurs.

Il s'agit, en premier lieu, de créer des plafonds de prix de vente au mètre carré habitable, pour la vente de logements sociaux ou des plafonds de loyer au mètre carré habitable, pour la location.

Il s'agit de dire, par exemple que le prix de vente d'un logement social ne doit pas dépasser 100 000 F CFA au mètre carré habitable.

Ces plafonds de prix devront, bien évidemment, être en cohérence avec la capacité d'endettement de la catégorie socio-professionnelle à laquelle sont destinés les logements sociaux.

L'acquisition ou la location d'un logement social devrait être assujettie à un plafond de revenu, en décidant par exemple que l'acquisition d'un logement social soit réservée aux familles ne dépassant pas tel revenu.

Ce seuil, pour moi, devrait être fixé à 150 000 F CFA, pour une famille de 3 personnes et devrait être modulé en fonction de sa composition.

Avec ce revenu, une famille de 3 personnes peut prétendre à un crédit de 7 500 000 F CFA, avec un remboursement mensuel d'environ 50 000 F CFA sur 20 ans, au taux de 5.5%.

Le besoin en surface de logement pour une famille de trois personnes est de 60 m^2 pour un logement correct.

Ce qui suppose que le prix de vente d'un logement de 3 pièces de 60 m^2 ne doit pas dépasser 125 000 F CFA/m^2 et cela équivaut à un coût d'acquisition de 7 500 000 F CFA.

Avec cette nouvelle définition, tout promoteur immobilier pourra donc se prévaloir de pouvoir faire des logements sociaux allant du studio aux 5 pièces, voire plus, à condition de respecter le prix plafond au mètre carré qui a été fixé par l'administration.

Il faudrait en second lieu, créer un cahier des charges pour définir les caractéristiques techniques minimales attendues d'un logement social (type de revêtements au sol et de revêtements muraux, respect des règlementations à venir sur la maitrise de l'énergie, réduction des impacts des bruits…). Cela permettrait de garantir

une « certaine » qualité dans la réalisation de ces logements sociaux.
L'État pourrait imposer des matériaux comme les carreaux à base de ciment, la terre cuite, dans le but de favoriser le développement des filières locales de matériaux de construction.

De la mixité sociale dans la construction des ensembles immobiliers

Par ailleurs, pour éviter la ghettoïsation des populations comme cela a été le cas au Brésil, la mixité sociale doit être recherchée dans les projets immobiliers et c'est malheureusement loin d'être le cas aujourd'hui.

La mixité sociale est le fait de faire cohabiter, dans une même zone géographique, plusieurs catégories socio-professionnelles.

Il est inconcevable de construire des zones entières exclusivement réservées à une catégorie de couches sociales.

Il est inconcevable que des quartiers entiers se retrouvent composés uniquement de ménages appartenant à même couche sociale, car cela risque de créer une vraie fracture sociale dans le futur. C'est déjà le cas dans des quartiers comme les Almadies, Point E, Mermoz...

J'invite les pouvoirs publics à commencer à appréhender cette notion de mixité sociale dans leur politique urbaine.

Il faudrait même imposer que le prix de vente d'une partie des logements construits par des promoteurs privés soit plafonné au seuil retenu pour le logement social.

Il s'agit également de dire, pour chaque programme immobilier, qu'un certain nombre de logements devront être vendus au prix plafond du logement social et réservés à une certaine catégorie socio-professionnelle déterminée en fonction des critères de revenus.

Cela est une nécessité.

De l'encadrement du secteur foncier et du marché du logement

Les constructions prévues dans les Pôles urbains de Diamniadio et du Lac Rose semblent prendre en compte cette exigence qu'il faudra toutefois généraliser dans tout le pays.

Par ailleurs, je rappelle le besoin de créer des agences locales pour l'habitat à l'échelle du pays, afin de vulgariser les bonnes pratiques dans le domaine du logement sur les :

    i.   Aspects juridiques liés aux transactions immobilières (location, ventes)

    ii.   Aspects juridiques liés aux contrats de construction ou contrats de vente.

    iii.   Permis de construire et règles d'urbanisme.

Il est important que ces agences soient indépendantes. Pour ce faire, une association de membres issus des fédérations de consommateurs, de l'État, des communes, de la Fédération des promoteurs, de la Fédération du bâtiment, de l'Ordre des ingénieurs semble être la meilleure formule.

Il y a là, beaucoup de pistes à étudier, afin de faire du secteur du logement un secteur moins anxiogène, participant pleinement à nos objectifs de croissance économique.

Pour des chantiers plus sûrs et mieux organisés

Dakar est une ville qui « bouge », avec beaucoup d'immeubles en construction qui nous donnent l'impression d'être dans un chantier à ciel ouvert. On voit partout des constructions mais quand on regarde de plus près, on se rend compte, que dans la plupart des cas, il n'y a pas ou peu d'activités dans ces chantiers.

Figure 7: Vue sur les immeubles en construction à Dakar

La plupart de ces chantiers sont à l'arrêt et sont généralement occupés par un gardien, avec des abris de fortune. Le fait le plus étonnant, c'est qu'il se passe parfois des mois, voire des années avant que l'on revoie un ouvrier sur ces chantiers.

En examinant le phénomène de près, on se rend compte que, dans la grande majorité des cas, les gens qui souhaitent construire des immeubles d'habitation n'ont pas toujours les fonds nécessaires pour le financement global de l'opération au moment de démarrer le chantier. Ce qui expliquerait le blocage des travaux.

Lutter contre les chantiers interminables
La pierre reste l'investissement favori au Sénégal mais les gens n'ont pas tout le temps la totalité des fonds quand ils souhaitent construire un édifice. Ils se débrouillent donc et y vont alors petit à petit, faisant ce que l'on appelle vulgairement « takhalé »[90].

Conséquence : les chantiers durent trop longtemps et sont trop souvent à l'arrêt, faute de moyens. Cette pratique est à bannir pour plusieurs raisons.

La première, c'est qu'on a l'impression d'être dans un pays en éternel chantier, avec des bâtiments jamais achevés dont la réalisation perdure dans le temps.

Au-delà des contraintes et nuisances que subissent les riverains, la lenteur dans l'exécution des chantiers ne participe pas à l'amélioration du cadre de vie des populations.

Il est bien évidemment plus agréable de vivre dans un environnement comportant des infrastructures et bâtiments achevés, que d'avoir l'impression de vivre dans un perpétuel chantier. À Dakar, je le rappelle, on a l'impression de vivre dans un chantier partout où l'on se trouve.

---

[90] Un mot en Wolof qui veut dire faire avec les moyens du bord.

La deuxième raison tient au fait que la prolongation des chantiers sur plusieurs années crée des actifs immobilisés qui ne génèrent pas de revenus. Cette mentalité, dont nous avons l'apanage et, qui consiste à croire que faire faire des parpaings à un maçon devant son terrain petit à petit, en attendant d'avoir plus d'argent, représente une forme d'épargne, est à bannir.

De plus, un bâtiment non terminé et non protégé contre les intempéries risque, à la longue, de se dégrader très fortement et de perdre sa valeur.

Pour toutes ces raisons, il faudrait mettre en place une série de mesures pour éviter les longues durées d'exécution des travaux.

Comme je l'ai dit plus haut, lors de la délivrance d'un permis de construire, on pourrait imposer aux maîtres d'ouvrage de prouver qu'ils disposent de la totalité des fonds nécessaires à la réalisation de leur projet.

La règle devrait être celle-là : on ne démarre des travaux que si on dispose des moyens de les terminer dans un délai bien déterminé. Cela est pour moi une évidence.

La preuve de la disponibilité des fonds peut être :
- soit un accord de prêt avec une banque qui en général ne devrait débloquer les fonds que sur présentation de devis d'entreprises sérieuses et en règle vis-à-vis des obligations fiscales et des assurances professionnelles,
- soit des fonds propres qu'il faudra bloquer dans un compte-séquestre ouvert dans une institution financière comme la Banque de l'Habitat par exemple ou dans une caisse des dépôts et consignations

Il faudrait bien sûr, définir la façon d'estimer le coût des travaux par surface habitable par typologie de logements. Cela permettrait de définir la somme minimale dont il faudrait prouver la disponibilité, avant l'octroi d'un permis de construire.

Ensuite, il faudra introduire la notion de permis de construire par tranche.

L'idée est de permettre à tout demandeur d'autorisation de construire de pouvoir réaliser son ouvrage en plusieurs tranches mais avec des déclarations d'ouverture de chantier, des déclarations d'achèvement de travaux et des certificats de conformité pour chaque tranche de travaux.
Le financement devra être prouvé au démarrage de chaque tranche.
Enfin, il y a lieu de réduire la durée de validité des permis de construire.
L'article R214 du Code de l'urbanisme fixe la règle suivante : « l'autorisation de construire est périmée si les constructions ne sont pas entreprises dans le délai de trois ans à compter de sa délivrance ou si les travaux sont interrompus pendant trois ans ».
Cela veut dire que les titulaires d'un permis de construire disposent d'un délai de 3 ans pour démarrer les travaux et peuvent, s'ils le souhaitent, arrêter leur chantier, en cours de travaux, pendant 3 ans. Ces deux durées doivent être ramenées à 18 mois pour la première et à 12 mois, pour la seconde, ce pour s'assurer que les constructions envisagées seront toujours en phase avec les règlementations en vigueur en matière d'urbanisme et de construction, lesdites réglementations étant susceptibles d'évoluer dans le temps.
Cela permettrait d'éviter que l'on se retrouve avec des chantiers à durées interminables, qui créent de la pollution et causent des nuisances et désagréments aux riverains.

De la déclaration d'ouverture de chantier

Toujours dans le souci de mieux encadrer le secteur de la construction, je pense qu'il est nécessaire d'exiger de tout titulaire d'un permis de construire, avant tout démarrage d'un chantier, une la déclaration auprès des autorités par le biais d'un formulaire préétabli.

Le Code de l'urbanisme crée certes, l'obligation de déclarer l'achèvement des travaux à l'administration en vue de la délivrance des certificats de conformité, mais rien n'est prévu lors du démarrage alors que cela devrait être le cas et ceci, pour plusieurs raisons.

Le fait, tout simplement, de limiter la durée de validité d'un permis de construire dans le Code de l'urbanisme rend nécessaire l'instauration de cette déclaration d'ouverture de chantier.

Il est donc nécessaire que l'administration soit informée de la date de démarrage d'un chantier afin de pouvoir s'assurer, à tout moment, de la validité du permis de construire.

Instaurer cette obligation de déclaration d'ouverture de chantier permettrait donc aux agents de l'État de s'en assurer, tout comme cela permettrait de mieux cerner l'activité du secteur de la construction avec la production de statistiques sur les mises en chantier. Nous devons être en mesure de savoir, chaque année, le nombre de logements créés, pour mesurer la performance du secteur du bâtiment.

De plus, avec cette obligation de déclarer l'ouverture des chantiers, les contrôles de légalité des constructions en cours seront beaucoup plus simples pour les agents de l'État car avec un système informatique, il est possible de visualiser sur une carte, à l'échelle d'une commune ou d'un département, les permis de construire délivrés, les déclarations d'ouverture de chantier effectuées mais aussi les permis qui ne seraient plus valables pour cause de non-démarrage de travaux dans les délais.

Les contrôles pourraient se faire sur la base de tablettes tactiles portables connectées à la base de données du ministère de l'Urbanisme. Les fonctions natives de géolocalisation et de photographie des tablettes portables permettront aux contrôleurs de faire plus facilement ce travail.

Cette déclaration pourrait permettre de s'assurer que d'autres dispositions règlementaires ont été respectées, à savoir :

i. la présence d'un « bureau de contrôle »,
ii. celle d'un maître d'œuvre, membre de l'ordre des ingénieurs et technologues de la construction ;
iii. les obligations afférentes à la fiscalité et au Code du travail

Pour ce faire, le formulaire devrait comporter au moins les informations ci-dessous :

i. Les coordonnées du déclarant,
ii. La référence du permis de construire,
iii. Les tranches de travaux qui font l'objet de la déclaration
iv. Les coordonnées de l'architecte,
v. Les coordonnées du « bureau de contrôle »
vi. Les coordonnées de la personne morale ou physique en charge du suivi des travaux pour vérifier son positionnement vis-à-vis de l'ordre des ingénieurs ou technologues,
vii. La liste des entreprises qui sont censées exécuter les travaux et le montant de leur contrat.
viii. L'attestation de la compagnie d'assurance sur le respect des dispositions légales en matière d'assurance dommage ouvrage et responsabilité civile
ix. Le plan d'installation de chantier mettant en exergue les zones de stockage, les zones de vie, les zones de travail, les clôtures de chantier…

Cette déclaration d'ouverture de chantier, devrait être faite au moins en 3 exemplaires et déposée au ministère en charge de l'urbanisme qui se chargerait de transmettre un exemplaire au ministère en charge des finances et un autre au ministère en charge du travail.

Les contrôles de légalité devraient être faits dans un délai de sept jours à compter de la déclaration par tous les services de l'État calendaires concernés.

À l'issue de ce contrôle, dans un délai maximum de quinze jours calendaires à compter de la déclaration, un avis d'autorisation d'ouverture de chantier devra être délivré par l'administration.
Cela permettrait de faire sortir les entreprises du secteur informel, d'augmenter leur professionnalisme et donc d'assainir le monde de la construction.

De la sécurité et la protection des personnels de chantier
4 milliards de francs CFA !
C'est le coût de la prise en charge des accidents et des maladies du travail en 2013, selon la Direction de la Prévention des Risques Professionnels au Sénégal. Cela représente 2251 accidents du travail, dont la majorité provient du secteur du bâtiment et des travaux publics.[91]
Cette situation n'est guère étonnante si l'on sait que la sécurité et la protection du personnel de chantier ne font pas encore l'objet d'une réelle attention de la part des autorités de ce pays, alors pourtant, que c'est une des causes principales des accidents et maladies du travail.
Je me souviens qu'en 2003, quand j'ai terminé mes études à l'étranger et que je suis rentré travailler au Sénégal, j'étais en charge de plusieurs projets d'intérêt public.
Quand je suis arrivé sur le site d'un projet pour la première réunion de chantier, la première chose qui m'avait marqué, c'était l'absence de moyens de protections individuelles pour assurer la sécurité des ouvriers contre les risques d'accidents.
Aucun ouvrier n'avait de casques de protection ni de chaussures de sécurité. Pour moi, c'était tout simplement inconcevable !

---

[91] Journée de réflexion du 23 avril 2014 organisée par le Conseil National du Patronat autour du thème: «La santé et ma sécurité dans l'utilisation des produits chimiques».

Ma première réaction de jeune diplômé était de convoquer le conducteur de travaux de l'entreprise en charge de faire les travaux.

Je fis valoir mon rôle de maître d'ouvrage « responsable » et lui ordonnai d'arrêter immédiatement les travaux et de mettre à la disposition des ouvriers travaillant sur le chantier des moyens de protection et de sécurité.

Les personnes présentes me regardèrent d'un air un peu « bizarre », comme si je sortais d'une autre planète, mais je restai ferme.

De retour au bureau, je rendis compte de l'incident, avec une fierté non dissimulée, à mon directeur qui, comme je m'y attendais, m'apporta son soutien et m'encouragea dans ma démarche.

Je n'étais toutefois pas au bout de mes surprises car, quelques heures plus tard, je reçus un appel téléphonique de l'un des responsables de l'entreprise sanctionnée, qui me dit ne pas comprendre que j'ai pu arrêter un chantier pour « si peu de choses »

Je lui rappelai que mon rôle en qualité de maître d'ouvrage était de m'assurer du bon déroulement des travaux, mais aussi et surtout de veiller à la sécurité des gens qui travaillaient sur les chantiers.

Après une longue discussion, il me promit de faire une commande de casques et chaussures de sécurité pour ses ouvriers, tout en précisant que cela prendrait beaucoup de temps. Il me demanda de le laisser continuer les travaux en attendant la livraison de ces équipements, ce que, bien évidemment, je refusai.

J'avais encore en mémoire tous ces cours de droit et de gestion de chantier au cours desquels nos professeurs nous sensibilisaient sur les risques d'accidents de chantier et les responsabilités d'un maître d'ouvrage.

Pour des chantiers plus sûrs et mieux organisés

Dans la législation de plusieurs pays développés, un maître d'ouvrage qui se soustrait à l'obligation de faire appliquer les règles de sécurité sur ses chantiers peut être pénalement mis en cause en cas d'accident et risque même une peine d'emprisonnement.

Une semaine plus tard, je constatai que sur les dizaines d'ouvriers qui étaient présents sur le site, seuls trois étaient dotés de moyens de protection individuelle. Je fis savoir au conducteur de travaux que ces trois individus étaient autorisés à travailler mais que le reste de l'équipe pouvait rentrer chez soi.

Je me suis retrouvé bien seul face à ces personnes qui ne comprenaient pas ma décision et qui m'en voulaient de les empêcher de travailler.

Je restai ferme, malgré les regards mécontents de ces « pauvres » ouvriers qui n'attendaient que de travailler pour « nourrir » leur famille. J'eus, bien sûr quelques scrupules sur le moment mais il était hors de question de céder pour moi car le risque était trop grand.

Je leur demandai de se retourner contre leur employeur avec qui nous avions un marché de plusieurs centaines de millions de FCFA, qui normalement incluait la prise en charge de ces moyens de protection.

Les semaines se succédèrent et le chantier prenait du retard. J'ai alors décidé d'en discuter avec des collègues du bureau, plus expérimentés, qui occupaient les mêmes fonctions que moi c'est alors que j'ai compris que j'étais le seul à exiger ces mesures de sécurité sur les chantiers. Ils me firent comprendre en effet, implicitement, qu'en étant trop regardant sur ce point, je passais pour un fou furieux aux yeux de ces personnes.

J'ai alors compris que je ne pouvais pas, à moi tout seul, changer tout un système et qu'il fallait lâcher du lest, voire faire preuve d'un peu de laxisme pour faire avancer les choses.

Aujourd'hui encore, il n'y a que très peu, voire pas de contrôle sur les chantiers, pour s'assurer que les dispositions en matière de sécurité sont respectées par les maîtres d'ouvrage et les entreprises, d'où ce laxisme des acteurs de la construction, qui coûte très cher à notre économie.

4 milliards de FCFA en 2013 ! Cela appelle incontestablement et d'urgence un changement de mentalité.

La photo suivante nous montre des ouvriers travaillant sur une dalle en béton et elle symbolise, à elle, l'anarchie, le désordre et le laxisme dans lequel les chantiers sont exécutés au Sénégal.

Figure 8 : Ouvriers travaillant sur un chantier au Sénégal

Vous constaterez en effet, qu'aucun des 14 ouvriers ne porte ni vêtements adaptés, ni casque de sécurité et pis encore, qu'aucun garde-corps ne les protège contre les risques de chutes.

C'est malheureusement la règle dans la majorité des chantiers au Sénégal.

Il faut donc que l'État légifère afin de pousser les maîtres d'ouvrage et entreprises à assurer de façon constante la sécurité des personnels de chantier.

Pour cela, il faut imposer à tout maître d'ouvrage de s'assurer que les moyens de protection sont appliqués sur les chantiers pour lesquels ils emploient du personnel.

Ces moyens de protection sont de deux sortes : ceux dits individuels et ceux dits collectifs.

  i. Les moyens de protection individuels permettent à un individu de se protéger d'un risque d'accident sur un chantier. Il s'agit par exemple :
     - des casques de chantiers avec jugulaire qui permettent de protéger contre les chutes d'objet, les chocs et les projections,
     - des gilets de signalisation qui permettent de rester visible,
     - des chaussures de sécurité qui protègent contre les chutes d'objets, les coups et les objets pointus,
     - des gants de protection qui permettent de se protéger contre les coupures, les abrasions et les produits chimiques.
  ii. Les moyens de protection collectifs, quant à eux, permettent d'assurer la sécurité des personnes grâce à des équipements spécifiques intégrés au fur et à mesure à la construction. Nous pouvons citer :
     - les garde-corps de protection contre les risques de chutes,
     - les protections des balcons et des orifices comme les gaines d'ascenseurs, les cages d'escaliers ;
     - les échafaudages de façades et passerelles de protection.

Il faut que l'État commence à responsabiliser les donneurs d'ordre sur la nécessité de respecter ces règles de sécurité.

Il pourrait par exemple, obliger les maîtres d'ouvrage à rémunérer les services d'une personne dont le rôle serait de faire respecter les règles de protection et de sécurité des personnes sur les chantiers.

Cette personne devrait normalement être associée aux travaux de construction, dès la phase « conception ».

Les entreprises devraient être tenues, avant le démarrage des travaux, de lui communiquer toutes les dispositions prises pour assurer la sécurité sur le chantier.

En cours de travaux, des visites sur le chantier devraient lui permettre de vérifier si les mesures de sécurité sont respectées par les entreprises.

De la clôture de chantier

Parmi ces mesures de sécurité, on peut aussi citer les clôtures de chantier car nous constatons malheureusement, que lors de l'exécution des travaux, les entreprises ne prennent pas souvent le soin de clôturer leur chantier. Cette situation augmente les risques d'accident.

L'obligation de clôturer les chantiers devrait être inscrite dans le Code de la construction et des sanctions prévues, en cas de manquement. La responsabilité du maître d'ouvrage, du maître d'œuvre, de l'architecte ou de l'entrepreneur devrait être engagée en cas d'accidents.

Pour aller plus loin, l'administration, en rapport avec les Fédérations du Bâtiment, devrait déterminer les modèles de clôtures qui pourraient être considérées comme acceptables, en vérifiant leur qualité et leur insertion optimale dans l'espace urbain. Ils devraient pouvoir résister aux chocs pendant toute la durée du chantier. Les tôles ondulées utilisées dans les chantiers en guise de clôture ne sont vraiment pas adaptées et doivent être bannies.

Il faudrait ensuite veiller à ce que toute déclaration d'ouverture de chantier (qui n'existe pas encore) soit accompagnée d'un plan d'installation de chantier, approuvé par les services d'urbanisme, comme je l'ai proposé plus haut.

Lutter contre l'encombrement de l'espace public
Lors de la construction des immeubles au Sénégal, les constructeurs ont souvent tendance à stocker les matériaux dans l'espace public. Il s'agit là d'une pratique à bannir.
Il faut que les agents de l'État veillent, de plus en plus, à ce qu'aucun matériau ou engin de chantier ne soit positionné en dehors de la clôture de chantier, pendant toute la durée des travaux.
Cette disposition est inscrite dans le Code de l'urbanisme : « il est défendu à toute personne d'embarrasser, obstruer, encombrer ou empiéter au moyen de quelques articles, effets ou véhicules quelconques, ou au moyen d'objets ou matériaux de quelque nature que ce soit, incluant gravats et sable, les voies publiques, rues, ruelles, trottoirs ou places publiques et rendant par-là difficile la desserte des terrains »[92].
La fabrication de blocs d'agglomérés de ciment et le stockage de tout matériau de construction dans l'espace public doivent être interdits. Là encore, on note un laisser-aller de l'administration qui est censée faire respecter la loi.
On ne devrait plus accepter que des constructeurs déversent du sable dans la rue, pour réaliser des agglomérés de ciment.
Il est urgent d'aider à la création de zones d'activités dédiées à la fabrication d'agglomérés de ciment ou plus généralement de

---

[92] Article R226 du Code de l'urbanisme

matériaux de construction et auprès desquelles les constructeurs iraient acheter directement les agglomérés de ciment.
Cela participerait à une modernisation de notre façon de construire.

Des installations sanitaires de chantier
Sur un autre registre, nous pouvons aussi parler des installations sanitaires sur les chantiers. À ce jour, rien n'est fait pour obliger les maîtres d'ouvrage à installer des WC et des réfectoires pour le personnel de chantier.
Pourtant, il est du devoir de l'État de veiller au respect des conditions de travail sur les chantiers, en obligeant les maîtres d'ouvrage à mettre entre place des installations sanitaires provisoires et cela quelle que soit la taille du chantier.
Il s'agit de donner au personnel sur les chantiers les moyens d'assurer sa propreté individuelle (vestiaires, lavabos, cabinets d'aisances et le cas échéant douches), c'est une question de santé publique.
Cela passe par l'obligation de créer les branchements provisoires pour l'eau et l'électricité.
Le fait d'imposer l'alimentation en eau et en électricité du chantier avant son démarrage permet d'une part, d'annuler l'utilisation de groupes électrogènes qui sont à la fois énergivores et bruyants, d'autre part, de supprimer la fabrication de réservoirs d'eau maçonnés qui sont vecteurs de toutes sortes de germes.
Cela va dans le sens de la lutte contre la propagation de certaines maladies.
Pour les chantiers de petite taille, l'installation de WC chimiques en préfabriqué peut être envisagée.
L'Inspection du Travail devra veiller à ce que ces mesures soient respectées sur les chantiers en faisant des visites inopinées et en

sanctionnant les maîtres d'ouvrage qui ne respecteraient pas ces dispositions.

Tout cela participe à l'amélioration du cadre de vie des travailleurs de chantiers et plus généralement de la population toute entière.

Conclusion

Le Sénégal est une exception en Afrique, au niveau politique. C'est du moins, un point de vue très répandu. Un pays reconnu dans le monde pour sa maturité démocratique. L'on peut se vanter d'avoir des institutions politiques stables et un peuple très attaché aux valeurs républicaines. Il y règne une certaine harmonie culturelle et une certaine cohésion sociale, autant de socles pour construire une vraie nation.

Ce beau tableau qui fait rêver beaucoup de pays du monde contraste malheureusement avec cette anarchie qui règne sur le plan urbanistique, même si les populations semblent s'être résignées à accepter ce cadre de vie déplorable.

Pourtant, les gouvernements successifs essayent depuis des années de mettre en place des actions pour améliorer le paysage urbain ; ce qui, sans aucun doute, représente le rêve de tout le peuple sénégalais. « À l'an 2000, Dakar sera comme Paris ». On a tous grandi avec cette célèbre phrase attribuée au premier président du Sénégal, son Excellence Monsieur Léopold Sédar Senghor mais force est de constater qu'en 2016, Dakar est loin de ressembler au « Paris» que le Président-Poète nous promettait.

Aucune ville du pays ne reflète une image désirable.

Le but de ce livre est de modestement proposer une série de solutions pour un habitat durable, moderne et confortable. Pour y arriver, nous avons besoin de revoir notre politique en matière d'aménagement du territoire, en allant vers des villes plus compactes, afin de lutter contre les effets négatifs de l'étalement urbain qui est en partie la cause des multiples inondations que nous connaissons dans notre pays et qui trouvent leur source

Conclusion

dans la raréfaction des terres qui a, elle-même pour corollaire la diminution des zones d'infiltration des eaux pluviales.

L'étalement urbain est à l'origine des problèmes de pollution de l'air, de la mobilité urbaine et des nuisances sonores dans les villes, avec ce besoin d'utilisation excessive des véhicules personnels.

Le raccordement aux réseaux de tous les nouveaux lotissements nés de cet étalement urbain génère des coûts supplémentaires que nous avons du mal à financer. Pour toutes ces raisons, il est clair que nous devons chercher à rendre nos villes plus compactes, en construisant en hauteur. On pourra alors dégager plus de foncier à consacrer à de meilleurs aménagements extérieurs.

Dans le but de construire mieux, nous devons aussi veiller à nous doter d'une meilleure législation en matière d'urbanisme et de construction et de nous assurer, par une bonne organisation, du respect des dispositions règlementaires. Cela se traduira par des bâtiments conçus dans une logique de développement durable avec des matériaux locaux qui protègent des risques naturels, miniers et technologiques.

L'on pensera également à réduire la consommation énergétique de nos bâtiments en poussant les acteurs à aller plus souvent vers une conception bioclimatique de nos immeubles et vers l'utilisation d'équipements techniques moins énergivores.

Cela nécessite un meilleur encadrement du secteur de la construction, avec un personnel bien formé et des entreprises bien organisées, pour des chantiers plus sécurisés.

La formation passe forcément par la coopération avec des pays plus avancés technologiquement. Nous ne devrions pas avoir honte de l'accepter.

Pour arriver à un meilleur cadre de vie, il faudra sans doute réinventer la ville sénégalaise de demain.

Conclusion

Cette ville sénégalaise de demain devra être une ville où les déchets seront mieux gérés et les inondations, de vieux souvenirs. Mais pour y arriver nous avons vu qu'il fallait commencer à intégrer le cycle de vie des déchets domestiques et le traitement des eaux pluviales dans la façon de concevoir nos bâtiments et nos quartiers.

La ville sénégalaise de demain devra comporter plus d'équipements publics. Les projections de croissance démographique devraient nous permettre d'anticiper sur ces besoins en équipements publics.

Dans cette ville sénégalaise de demain, il s'agira de cultiver un nouvel art de vivre tout en veillant à préserver ce fort lien social qui existe déjà dans notre pays.

Elle devra être plus verte, moins polluante et surtout tournée vers les nouvelles technologies.

J'espère au fond de moi-même que cet ouvrage sera lu par tous les décideurs politiques de ce pays voire des décideurs politiques africains.

Je suis convaincu que nous pouvons y arriver mais pour cela nous devons changer nos politiques urbaines qui, jusqu'à présent, ne se souciaient que du présent.

L'avenir se construit aujourd'hui. Nous avons la chance de vivre au présent et donc cette chance de pouvoir construire un bel avenir pour les générations futures. Pour cela, il suffit de pouvoir apporter de vraies solutions aux problèmes que nous rencontrons et d'y aller avec méthode et ça, c'était tout l'objet de cet ouvrage et j'espère avoir atteint ce but.

www.ingramcontent.com/pod-product-compliance
Lightning Source LLC
Chambersburg PA
CBHW071207240526
45470CB00018B/1527